최상위 수학 S 1-1

펴낸날 [초판 1쇄] 2023년 10월 1일 [초판 2쇄] 2024년 3월 5일
펴낸이 이기열
펴낸곳 (주)디딤돌 교육
주소 (03972) 서울특별시 마포구 월드컵북로 122 청원선와이즈타워
대표전화 02-3142-9000
구입문의 02-322-8451
내용문의 02-323-9166
팩시밀리 02-338-3231
홈페이지 www.didimdol.co.kr
등록번호 제10-718호

8주 완성

	월 일	월 일	월 일	월 일	월 일
5주	**3. 덧셈과 뺄셈** 71~73쪽 ☐	74~75쪽 ☐	76~77쪽 ☐	78~80쪽 ☐	**4. 비교하기** 82~85쪽 ☐
6주	**4. 비교하기** 86~88쪽 ☐	89~91쪽 ☐	92~94쪽 ☐	95~97쪽 ☐	98~101쪽 ☐
7주	**4. 비교하기** 102~105쪽 ☐	**5. 50까지의 수** 108~110쪽 ☐	111~113쪽 ☐	114~116쪽 ☐	117~119쪽 ☐
8주	**5. 50까지의 수** 120~122쪽 ☐	123~125쪽 ☐	126~127쪽 ☐	128~129쪽 ☐	130~133쪽 ☐

등, 하교 때 자신이 한 공부를 다시 기억하며 상기해 봐요.

모르는 부분에 대한 질문을 잘 해요.

수학 문제를 푼 다음 틀린 문제는 반드시 오답 노트를 만들어요.

자신만의 노트 필기법이 있어요.

최상위
수학S 1·1학습 스케줄표

부담되지 않는 학습량으로 공부 습관을 기를 수 있도록 설계하였습니다.
학기 중 교과서와 함께 공부하고 싶다면 12주 완성 과정을 이용하세요.

공부한 날짜를 쓰고 하루 분량 학습을 마친 후, 부모님께 확인 check ☑를 받으세요.

	월 일	월 일	월 일	월 일	월 일
1주	**1. 9까지의 수**				
	8~9쪽 ☐	10~11쪽 ☐	12~13쪽 ☐	14~15쪽 ☐	16~17쪽 ☐

	월 일	월 일	월 일	월 일	월 일
2주	**1. 9까지의 수**				
	18~19쪽 ☐	20~21쪽 ☐	22~23쪽 ☐	24~25쪽 ☐	26~27쪽 ☐

	월 일	월 일	월 일	월 일	월 일
3주	**1. 9까지의 수**	**2. 여러 가지 모양**			
	28~30쪽 ☐	32~33쪽 ☐	34~35쪽 ☐	36~37쪽 ☐	38~39쪽 ☐

	월 일	월 일	월 일	월 일	월 일
4주	**2. 여러 가지 모양**				
	40~41쪽 ☐	42~43쪽 ☐	44~45쪽 ☐	46~47쪽 ☐	48~49쪽 ☐

	월 일	월 일	월 일	월 일	월 일
5주	**2. 여러 가지 모양**		**3. 덧셈과 뺄셈**		
	50~51쪽 ☐	52~54쪽 ☐	56~57쪽 ☐	58~59쪽 ☐	60~61쪽 ☐

	월 일	월 일	월 일	월 일	월 일
6주	**3. 덧셈과 뺄셈**				
	62~63쪽 ☐	64~65쪽 ☐	66~67쪽 ☐	68~69쪽 ☐	70~71쪽 ☐

12주 완성

최상위 수학S 1·1학습 스케줄표

짧은 기간에 집중력 있게 한 학기 과정을 학습할 수 있도록 설계하였습니다.
방학 때 미리 공부하고 싶다면 8주 완성 과정을 이용하세요.

공부한 날짜를 쓰고 하루 분량 학습을 마친 후, 부모님께 확인 check ☑를 받으세요.

1주	월 일	월 일	월 일	월 일	월 일
	1. 9까지의 수				
	8~10쪽 ☐	11~13쪽 ☐	14~16쪽 ☐	17~19쪽 ☐	20~22쪽 ☐

2주	월 일	월 일	월 일	월 일	월 일
	1. 9까지의 수			**2. 여러 가지 모양**	
	23~25쪽 ☐	26~27쪽 ☐	28~30쪽 ☐	32~35쪽 ☐	36~38쪽 ☐

3주	월 일	월 일	월 일	월 일	월 일
	2. 여러 가지 모양				
	39~41쪽 ☐	42~44쪽 ☐	45~47쪽 ☐	48~51쪽 ☐	52~54쪽 ☐

4주	월 일	월 일	월 일	월 일	월 일
	3. 덧셈과 뺄셈				
	56~58쪽 ☐	59~61쪽 ☐	62~64쪽 ☐	65~67쪽 ☐	68~70쪽 ☐

공부를 잘 하는 학생들의 좋은 습관 8가지

매일매일 규칙적인 학습 시간 계획을 세워요.

과제에 대한 시간 관리를 잘 해요.

책상 정리정돈을 잘 해요.

열심히 공부한 다음 적당한 휴식을 가져요.

상위권의 기준

최상위
수학
S

디딤돌

상위권의 힘, 느낌!

처음 자전거를 배울 때, 설명만 듣고 탈 수는 없습니다.
하지만, 직접 자전거를 타고 넘어져 가며
방법을 몸으로 느끼고 나면
나는 이제 '자전거를 탈 수 있는 사람'이 됩니다.
그리고 평생 자전거를 탈 수 있습니다.

수학을 배우는 것도 꼭 이와 같습니다.
자세한 설명, 반복학습 모두 필요하지만
가장 중요한 것은 "느꼈는가"입니다.
느껴야 이해할 수 있고,
이해해야 평생 '수학을 할 수 있는 사람'이 됩니다.

"최상위 수학 S는
수학에 대한 느낌과 이해를 통해
중고등까지 상위권이 될 수 있는 힘을 길러줍니다."

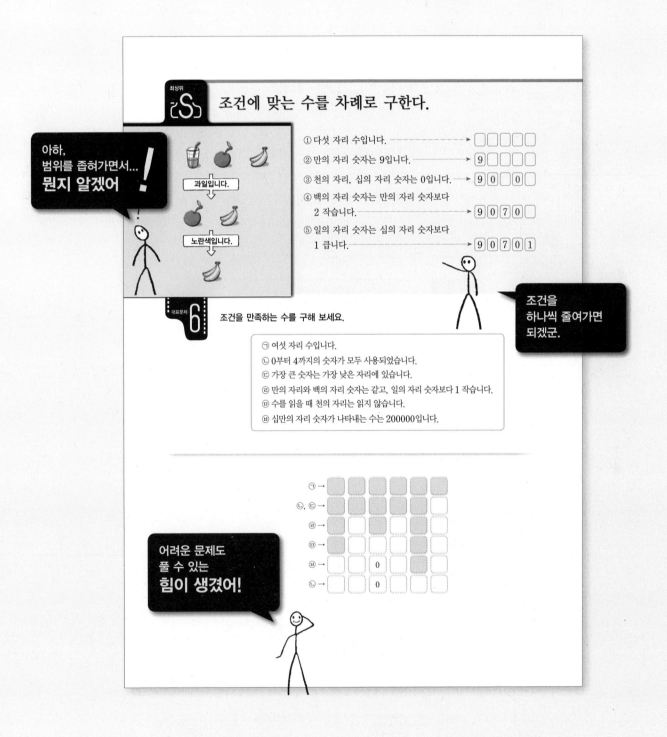

조건에 맞는 수를 차례로 구한다.

① 다섯 자리 수입니다. ▶ ☐☐☐☐☐
② 만의 자리 숫자는 9입니다. ▶ 9 ☐☐☐☐
③ 천의 자리, 십의 자리 숫자는 0입니다. ▶ 9 0 ☐ 0 ☐
④ 백의 자리 숫자는 만의 자리 숫자보다 2 작습니다. ▶ 9 0 7 0 ☐
⑤ 일의 자리 숫자는 십의 자리 숫자보다 1 큽니다. ▶ 9 0 7 0 1

아하, 범위를 좁혀가면서... **뭔지 알겠어**

과일입니다.
↓
노란색입니다.

조건을 하나씩 줄여가면 되겠군.

6 조건을 만족하는 수를 구해 보세요.

ㄱ 여섯 자리 수입니다.
ㄴ 0부터 4까지의 숫자가 모두 사용되었습니다.
ㄷ 가장 큰 숫자는 가장 낮은 자리에 있습니다.
ㄹ 만의 자리와 백의 자리 숫자는 같고, 일의 자리 숫자보다 1 작습니다.
ㅁ 수를 읽을 때 천의 자리는 읽지 않습니다.
ㅂ 십만의 자리 숫자가 나타내는 수는 200000입니다.

어려운 문제도 풀 수 있는 **힘이 생겼어!**

ㄱ →
ㄴ, ㄷ →
ㄹ →
ㅁ →
ㅂ → 0
ㄴ → 0

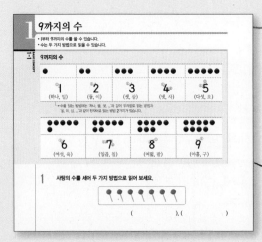

교과서 개념부터
심화·중등개념까지!

수학을 느껴야
이해할 수 있고

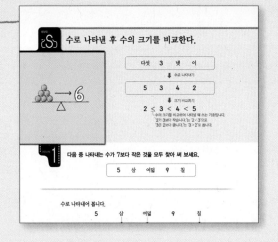

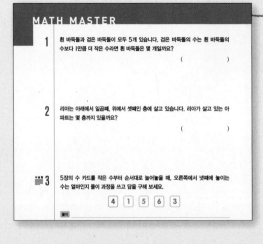

이해해야
어떤 문제라도
풀 수 있습니다.

CONTENTS

1

9까지의 수

1 9까지의 수

- 1부터 9까지의 수를 쓸 수 있습니다.
- 수는 두 가지 방법으로 읽을 수 있습니다.

1-1 9까지의 수

●	●●	●●●	●●●●	●●●●●
1 (하나, 일)	2 (둘, 이)	3 (셋, 삼)	4 (넷, 사)	5 (다섯, 오)

↳ 수를 읽는 방법에는 '하나, 둘, 셋, ...'과 같이 우리말로 읽는 방법과
'일, 이, 삼, ...'과 같이 한자어로 읽는 방법 2가지가 있습니다.

●●●●● ●	●●●●● ●●	●●●●● ●●●	●●●●● ●●●●
6 (여섯, 육)	7 (일곱, 칠)	8 (여덟, 팔)	9 (아홉, 구)

1 사탕의 수를 세어 두 가지 방법으로 읽어 보세요.

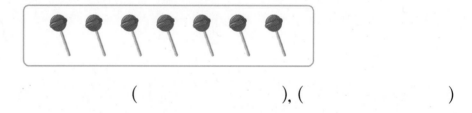

(   ), (   )

2 나타내는 수가 다른 하나를 찾아 기호를 써 보세요.

㉠ 오   ㉡   ㉢ 육   ㉣ 5

(   )

정답과 풀이 6쪽

3 조개를 왼쪽 수만큼 묶고, 묶지 않은 것의 수를 오른쪽 ◯ 안에 써넣으세요.

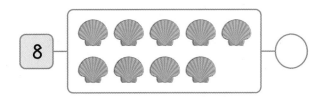

4 수아는 구슬 9개를 꿰어 팔찌를 만들려고 합니다. 지금까지 꿴 구슬의 수는 다음과 같습니다. 구슬을 몇 개 더 꿰어야 할까요?

(   )

1-2
BASIC CONCEPT

수의 여러 가지 의미

• 하나, 둘, 셋, ...으로 읽는 경우: 개수나 양을 나타내는 수

　예) **2**개 ➡ 두 개, **5**명 ➡ 다섯 명, **6**봉지 ➡ 여섯 봉지, **7**가구 ➡ 일곱 가구

• 일, 이, 삼, ...으로 읽는 경우: 측정한 값을 나타내는 수, 순서를 나타내는 수,
　　　　　　　　　　　　　　 번호를 나타내는 수

　예) **3** m ➡ 삼 미터, **1**학년 ➡ 일 학년, **4**등 ➡ 사 등, **9**번 ➡ 구 번
　　　측정한 값　　　　　　　순서　　　　　　　　번호

5 다음 중 수를 바르게 읽은 사람을 찾아 이름을 써 보세요.

> • 은서: 마을버스의 번호는 두 번입니다.
> • 진경: 필통에 연필이 다섯 자루 있습니다.
> • 희준: 동생의 나이는 팔 살입니다.

(   )

2 몇째, 수의 순서

• 수로 순서를 나타낼 수 있습니다.
• 수를 순서대로 쓰면 1씩 커집니다.

몇째

수의 순서를 나타낼 때에는 앞에서부터 첫째, 둘째, 셋째, 넷째, 다섯째, 여섯째, 일곱째, 여덟째, 아홉째로 나타냅니다.

수의 순서

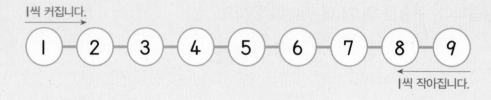

1 나타내는 수를 왼쪽에서부터 알맞게 색칠해 보세요.

셋(삼)	○	○	○	○	○	○	○	○	○
셋째	○	○	○	○	○	○	○	○	○

2 순서를 거꾸로 하여 빈칸에 알맞은 수를 써넣으세요.

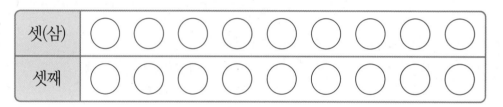

3 1부터 9까지의 수를 순서대로 쓸 때, 7보다 뒤에 놓이는 수를 모두 써 보세요.

(   )

4 쌓기나무를 오른쪽 그림과 같이 쌓았습니다. 위에서 일곱째 쌓기나무에 ○표, 아래에서 다섯째 쌓기나무에 △표 하세요.

5 왼쪽에서 둘째와 다섯째 사이에 있는 수를 모두 써 보세요.

| 3 | 6 | 1 | 9 | 7 | 4 |

(   )

6 도서관에서 책을 빌리기 위해 한 줄로 서서 기다리고 있습니다. 한수 앞에 5명의 학생이 서 있다면 한수는 앞에서 몇째에 서 있을까요?

(   )

BASIC CONCEPT 2-2

전체 수 구하기

한 줄로 놓여 있는 바둑돌에서

흰 바둑돌 앞에는 검은 바둑돌이 **2**개, 뒤에는 **3**개가 있을 때

(앞) ●●○●●● (뒤) ➡ 전체 바둑돌의 수: **6**개

7 영아는 버스를 타기 위해 한 줄로 서 있습니다. 영아 앞에는 4명, 뒤에는 2명이 서 있다면 줄을 서 있는 사람은 모두 몇 명일까요?

(   )

3 |만큼 더 큰 수와 |만큼 더 작은 수, 수의 크기 비교

• 수를 순서대로 쓰면 |씩 커집니다.
• 수를 세어 두 수의 크기를 비교할 수 있습니다.

BASIC CONCEPT
3-1

|만큼 더 큰 수와 |만큼 더 작은 수

|만큼 더 작은 수는 바로 앞의 수이고, |만큼 더 큰 수는 바로 뒤의 수입니다.

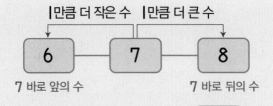

|만큼 더 작은 수 |만큼 더 큰 수

| 6 | 7 | 8 |

7 바로 앞의 수   7 바로 뒤의 수

0 알아보기

아무것도 없는 것을 0이라 쓰고 영이라고 읽습니다.

2   1   0
                    └→ |보다 |만큼 더 작은 수

수의 크기 비교

| 8 | |
| 5 | |

하나씩 짝지었을 때, 남는 쪽이 더 큰 수이고,
모자라는 쪽이 더 작은 수입니다.

• 연필은 지우개보다 많습니다. ➡ 8은 5보다 큽니다.
• 지우개는 연필보다 적습니다. ➡ 5는 8보다 작습니다.

물건의 수를 비교할 때에는 '많다', '적다'로
말하고, 수의 크기를 비교할 때에는 '크다',
'작다'로 말합니다.

---

1 왼쪽 수보다 |만큼 더 작은 수에 ○표, |만큼 더 큰 수에 △표 하세요.

⑤ | 6   7   9   4 |

---

2 왼쪽 수가 오른쪽 수보다 |만큼 더 작은 수가 아닌 것은 어느 것일까요? (   )

① | 3 | 4 | ② | 5 | 6 | ③ | 7 | 6 |

④ | 0 | 1 | ⑤ | 2 | 3 |

3 봉투에 색종이가 6장 들어 있었는데 진서가 모두 사용했습니다. 봉투에 남은 색종이는 몇 장일까요?

(   )

4 바구니에 사과는 7개, 감은 9개 들어 있습니다. 바구니에 사과와 감 중 어느 것이 더 많이 들어 있을까요?

(   )

여러 수의 크기 비교

수를 작은 수부터 순서대로 쓸 때,
- ○보다 왼쪽에 있는 수: ○보다 작은 수
- ○보다 오른쪽에 있는 수: ○보다 큰 수

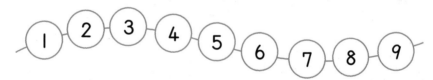

1 2 3 4 (5) 6 7 8 9
5보다 작은 수   5보다 큰 수

5 1부터 9까지의 수를 보고 물음에 답하세요.

1 2 3 4 5 6 7 8 9

(1) 3보다 작은 수를 모두 써 보세요.

(   )

(2) 6보다 큰 수를 모두 써 보세요.

(   )

6 가장 큰 수와 가장 작은 수를 차례로 써 보세요.

| 4 | 5 | 9 | 2 |

(   ), (   )

수로 나타낸 후 수의 크기를 비교한다.

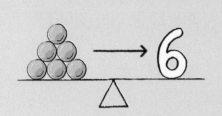

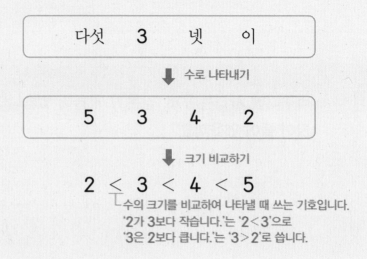

다섯	3	넷	이

⬇ 수로 나타내기

5	3	4	2

⬇ 크기 비교하기

$2 < 3 < 4 < 5$

└ 수의 크기를 비교하여 나타낼 때 쓰는 기호입니다.
'2가 3보다 작습니다.'는 '2<3'으로
'3은 2보다 큽니다.'는 '3>2'로 씁니다.

대표문제 1

다음 중 나타내는 수가 7보다 작은 것을 모두 찾아 써 보세요.

5	삼	여덟	9	칠

수로 나타내어 봅니다.

5	삼	여덟	9	칠
5	⬇	⬇	9	⬇
5	☐	☐	9	☐

주어진 수를 작은 수부터 순서대로 써 보면 ☐, 5, ☐, ☐, ☐ 이므로

<u>7보다 작은 수</u>는 ☐, 5입니다.
 └→ 7보다 왼쪽에 있는 수

따라서 나타내는 수가 7보다 작은 것은 5, ☐입니다.

1-1 다음 중 나타내는 수가 6보다 큰 것을 찾아 써 보세요.

하나	3	다섯	구

(   )

1-2 다음 중 나타내는 수가 5보다 작은 것은 모두 몇 개일까요?

팔	4	오	7	둘

(   )

1-3 다음 중 나타내는 수가 가장 작은 것과 가장 큰 것을 찾아 차례로 써 보세요.

셋	아홉	4	여덟	영

(   ), (   )

1-4 다음 중 나타내는 수가 2보다 크고 6보다 작은 것을 모두 찾아 써 보세요.

넷	둘	삼	하나	육	일곱

(   )

같은 방향은 같은 규칙을 나타낸다.

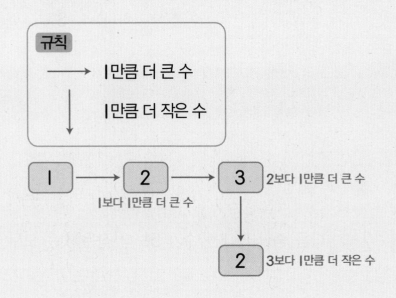

규칙

→ |만큼 더 큰 수

↓ |만큼 더 작은 수

| → 2 → 3 2보다 |만큼 더 큰 수

|보다 |만큼 더 큰 수

2 3보다 |만큼 더 작은 수

대표문제 2

화살표의 **규칙** 에 맞게 ㉠에 알맞은 수를 구해 보세요.

규칙

→ |만큼 더 큰 수

↓ |만큼 더 작은 수

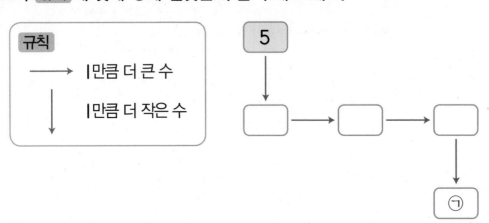

5

□ → □ → □

㉠

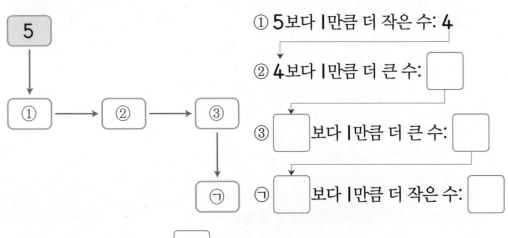

5

① → ② → ③

㉠

① 5보다 |만큼 더 작은 수: 4

② 4보다 |만큼 더 큰 수: □

③ □보다 |만큼 더 큰 수: □

㉠ □보다 |만큼 더 작은 수: □

따라서 ㉠에 알맞은 수는 □ 입니다.

2-1 화살표의 규칙 에 맞게 ㉠에 알맞은 수를 구해 보세요.

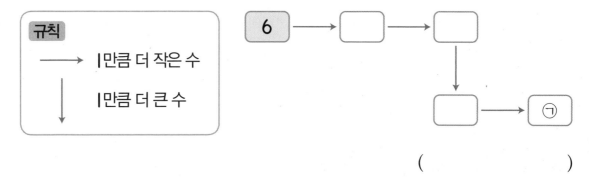

(   )

2-2 화살표의 규칙 에 맞게 ㉠에 알맞은 수를 구해 보세요.

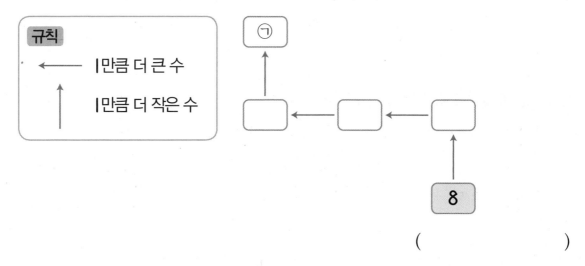

(   )

2-3 화살표의 규칙 에 맞게 ㉠에 알맞은 수를 구해 보세요.

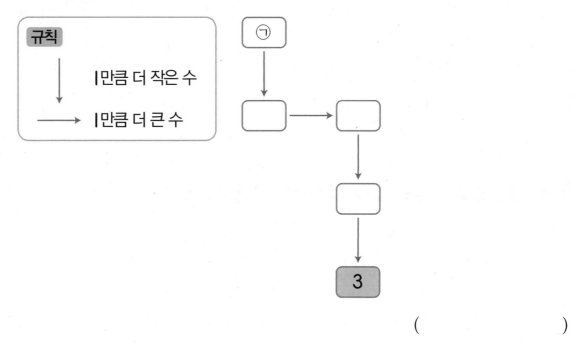

(   )

수의 순서를 정할 때에는 첫째가 되는 기준을 찾는다.

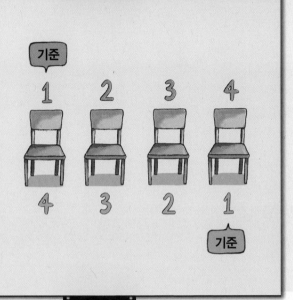

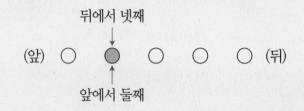

대표문제 3

8명의 학생들이 달리기를 하고 있습니다. 혜진이는 앞에서 넷째로 달리고 있고 준수는 혜진이 바로 앞에서 달리고 있다면 준수는 뒤에서 몇째로 달리고 있는지 구해 보세요.

혜진이가 달리고 있는 위치를 그림을 그려 나타낸 후, 준수가 달리고 있는 위치를 찾아 봅니다.

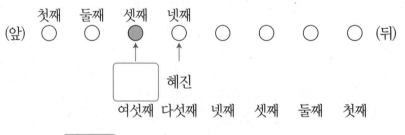

따라서 준수는 뒤에서 　　　로 달리고 있습니다.

3-1 운동장에 7명의 학생들이 한 줄로 서 있습니다. 민하가 앞에서 둘째에 서 있다면 뒤에서는 몇째에 서 있는 것일까요?

( )

3-2 9칸짜리 꼬마 기차가 있습니다. 시호는 뒤에서 셋째 칸에 타고, 호수는 시호가 탄 칸의 바로 뒤의 칸에 탔다면 호수는 앞에서 몇째 칸에 타고 있을까요?

( )

3-3 버스를 타기 위해 8명의 학생들이 한 줄로 서 있습니다. 앞에서 둘째에 서 있는 학생과 뒤에서 셋째에 서 있는 학생 사이에는 모두 몇 명의 학생이 서 있을까요?

( )

3-4 진우는 놀이 기구를 타기 위해 친구들과 한 줄로 서 있습니다. 진우는 앞에서 셋째에 서 있고, 진우 바로 앞에 혜지가 서 있습니다. 혜지는 뒤에서 다섯째에 서 있다면 줄을 서 있는 사람은 모두 몇 명일까요?

( )

연속하는 수는 1씩 커진다.

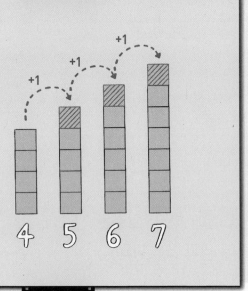

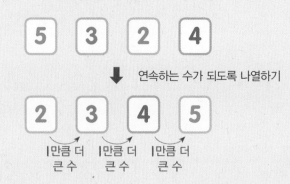

연속하는 수가 되도록 나열하기

대표문제 4

5장의 수 카드를 작은 수부터 연속하는 수가 되도록 늘어놓았을 때, ●에 알맞은 수를 구해 보세요.

└→ 1, 2, 3, ...과 같이 연속된 수

| 6 | 8 | ● | 4 | 5 |

●를 제외하고 수 카드를 작은 수부터 늘어놓으면 다음과 같습니다.

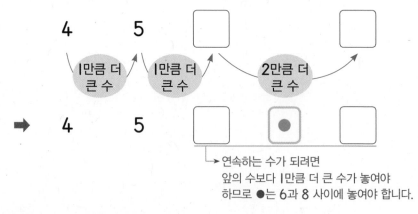

└→ 연속하는 수가 되려면
앞의 수보다 1만큼 더 큰 수가 놓여야
하므로 ●는 6과 8 사이에 놓여야 합니다.

따라서 ●에 알맞은 수는 [ ] 입니다.

4-1 4장의 수 카드를 작은 수부터 연속하는 수가 되도록 늘어놓았을 때, ▲에 알맞은 수를 구해 보세요.

5	2	▲	4

(   )

4-2 5장의 수 카드를 작은 수부터 연속하는 수가 되도록 늘어놓았을 때, ■에 알맞은 수를 구해 보세요.

7	3	5	■	4

(   )

4-3 6장의 수 카드를 작은 수부터 연속하는 수가 되도록 늘어놓았을 때, 오른쪽에서 셋째에 있는 수를 구해 보세요.

2	7	4	◆	3	6

(   )

4-4 6장의 수 카드를 작은 수부터 연속하는 수가 되도록 늘어놓았을 때, 왼쪽에서 둘째와 다섯째 사이에 있는 수를 모두 구해 보세요. (단, ★은 ♥보다 작은 수입니다.)

★	4	6	9	♥	7

(   )

● 보다 높은 층은 ● 보다 더 큰 수이고, ● 보다 낮은 층은 ● 보다 더 작은 수이다.

고양이보다 2계단 위에 있어요!

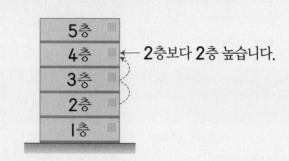

2층보다 2층 높습니다.

영화관은 5층입니다. 서점은 영화관보다 2층 높고, 마트는 서점보다 4층 낮습니다. 서점과 마트는 각각 몇 층인지 구해 보세요.

영화관의 위치를 그림을 그려 나타낸 후, 서점과 마트의 위치를 찾아봅니다.

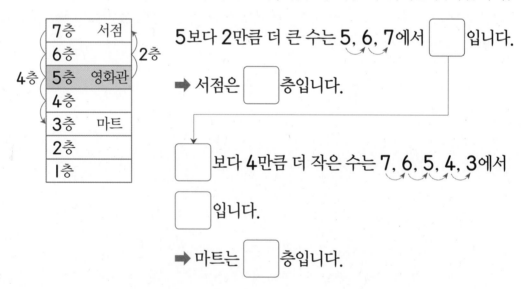

5보다 2만큼 더 큰 수는 5, 6, 7에서 ☐입니다.

➡ 서점은 ☐층입니다.

☐보다 4만큼 더 작은 수는 7, 6, 5, 4, 3에서

☐입니다.

➡ 마트는 ☐층입니다.

5-1 은주네 집은 6층입니다. 진규네 집은 은주네 집보다 5층 낮고, 윤서네 집은 은주네 집보다 1층 높습니다. 진규네 집과 윤서네 집은 각각 몇 층인지 차례로 써 보세요.

(   ), (   )

서술형 **5-2** 병원은 7층입니다. 약국은 병원보다 3층 낮고, 미용실은 약국보다 5층 높습니다. 미용실은 몇 층인지 풀이 과정을 쓰고 답을 구해 보세요.

풀이 ....

....

....

답 ....

5-3 태호는 여섯째 계단에 서 있습니다. 지혜는 태호보다 3계단 위에 서 있고, 동민이는 지혜보다 5계단 아래에 서 있습니다. 동민이는 태호보다 몇 계단 아래에 서 있을까요?

(   )

5-4 주하, 건호, 진수, 유나는 4층짜리 건물에 한 층에 한 명씩 서 있습니다. 다음을 읽고 유나는 몇 층에 서 있는지 구해 보세요.

> • 주하보다 위층에 세 사람이 서 있습니다.
> • 건호는 주하보다 3층 위에 서 있습니다.
> • 진수는 건호보다 2층 아래에 서 있습니다.

(   )

하나씩 짝을 짓고 남은 수를 똑같이 나눈다.

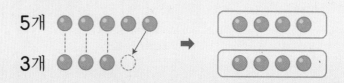

5개 ●●●●●
3개 ●●●○ ➡ ●●●● / ●●●●

구슬 1개를 주면 4개씩 똑같이 나눌 수 있습니다.

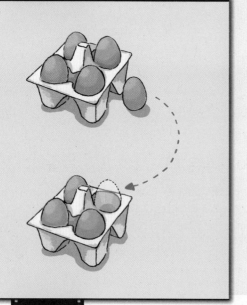

대표문제 6

사탕을 지우는 6개, 은서는 8개 가지고 있습니다. 두 사람이 가지고 있는 사탕 수가 같아지려면 은서는 지우에게 사탕을 몇 개 주어야 하는지 구해 보세요.

사탕을 ○로 하여 그림으로 나타낸 후, 하나씩 짝을 지어 봅니다.

지우: ○○○○○○
은서: ○○○○○○○○   ➡   지우: ○○○○○○◌
은서: ○○○○○○○○

하나씩 짝을 지으면 은서의 사탕이 ☐ 개 남습니다.

은서가 지우에게 사탕 ☐ 개를 주면 두 사람이 가지고 있는 사탕의 수는

☐ 개로 같아집니다.

따라서 은서는 지우에게 사탕 ☐ 개를 주어야 합니다.

6-1 딱지를 혁수는 7장, 주호는 5장 가지고 있습니다. 두 사람이 가지고 있는 딱지 수가 같아지려면 혁수는 주호에게 딱지를 몇 장 주어야 할까요?

(   )

6-2 연필을 진아는 4자루, 아영이는 8자루 가지고 있습니다. 아영이가 진아에게 연필을 몇 자루 주었더니 두 사람이 가진 연필 수가 같아졌습니다. 같아진 연필은 몇 자루일까요?

(   )

6-3 공이 가 상자에 3개, 나 상자에 2개, 다 상자에 4개 들어 있습니다. 한 상자에서 다른 한 상자로 공을 몇 개 옮겨서 세 상자에 담긴 공의 수가 모두 같아지게 만들려면 어느 상자에서 공을 몇 개 옮겨야 할까요?

(   ), (   )

6-4 준희와 민호는 초콜릿을 몇 개씩 가지고 있습니다. 준희가 민호에게 초콜릿 1개를 주면 두 사람이 가지고 있는 초콜릿의 수가 같아집니다. 민호가 준희에게 초콜릿 1개를 준다면 준희는 민호보다 초콜릿을 몇 개 더 가지게 될까요?

(   )

알 수 있는 것부터 차례로 구한다.

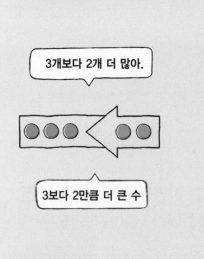

3개보다 2개 더 많아.

3보다 2만큼 더 큰 수

5개보다 3개 더 많은 수

➡ 5보다 3만큼 더 큰 수

➡ 5 6 7 ⑧
   +1 +1 +1

7 대표문제

세 명의 학생들이 사탕을 가지고 있습니다. 사탕을 가장 많이 가지고 있는 학생의 이름을 써 보세요.

- 다현이는 7개보다 2개 더 적게 가지고 있습니다.
- 성수는 6개보다 1개 더 많이 가지고 있습니다.
- 서현이는 다현이보다 많고, 성수보다 적게 가지고 있습니다.

다현이가 가진 사탕의 수는 7보다 2만큼 더 작은 수이므로 7, 6, 5에서 ☐개입니다.

성수가 가진 사탕의 수는 6보다 1만큼 더 큰 수인 ☐개입니다.

서현이가 가진 사탕은 ☐개보다 많고 ☐개보다 적으므로 ☐개입니다.

따라서 5 < 6 < 7이므로 사탕을 가장 많이 가지고 있는 학생은 ☐입니다.

7-1 세 명의 학생들이 토마토를 땄습니다. 토마토를 가장 많이 딴 학생의 이름을 써 보세요.

> • 준호는 **5**개보다 **3**개 더 많이 땄습니다.
> • 석희는 준호보다 **4**개 더 적게 땄습니다.
> • 진수는 석희보다 **2**개 더 많이 땄습니다.

(   )

7-2 세 명의 학생들이 종이배를 접었습니다. 종이배를 가장 적게 접은 학생의 이름과 접은 종이배의 수를 차례로 써 보세요.

> • 건우는 **8**개보다 **2**개 더 적게 접었습니다.
> • 은주는 **1**개를 더 접으면 건우가 접은 종이배의 수와 똑같아집니다.
> • 현아는 은주보다 **3**개 더 많이 접었습니다.

(   ), (   )

7-3 네 명의 학생들이 귤을 가지고 있습니다. 귤을 많이 가진 순서대로 이름을 써 보세요.

> • 지현이는 **7**개보다 **1**개 더 많이 가지고 있습니다.
> • 성주는 지현이보다 **2**개 더 적게 가지고 있습니다.
> • 혜진이는 성주보다 많고, 지현이보다 적게 가지고 있습니다.
> • 기호가 혜진이에게 **1**개 주면 두 사람이 가지고 있는 귤의 수는 같아집니다.

(   )

1 흰 바둑돌과 검은 바둑돌이 모두 5개 있습니다. 검은 바둑돌의 수는 흰 바둑돌의 수보다 1만큼 더 작은 수라면 흰 바둑돌은 몇 개일까요?

(   )

2 리아는 아래에서 일곱째, 위에서 셋째인 층에 살고 있습니다. 리아가 살고 있는 아파트는 몇 층까지 있을까요?

(   )

서술형 3 5장의 수 카드를 작은 수부터 순서대로 늘어놓을 때, 오른쪽에서 넷째에 놓이는 수는 얼마인지 풀이 과정을 쓰고 답을 구해 보세요.

| 4 | 1 | 5 | 6 | 3 |

풀이 ....

....

....

답 ....

4 색연필을 혜서는 8자루, 인수는 2자루 가지고 있습니다. 두 사람이 가지고 있는 색연필 수가 같아지려면 혜서는 인수에게 색연필을 몇 자루 주어야 할까요?

(   )

5 다음 조건을 만족하는 수를 모두 구해 보세요.

> • 3과 9 사이의 수입니다.
> • 6보다 큰 수입니다.

(   )

6 8명의 학생들이 달리기를 하고 있습니다. 희서가 5등으로 달리다가 3명을 앞질렀습니다. 희서 뒤에서 달리는 학생은 몇 명일까요?

(   )

먼저 생각해 봐요!
희서가 4등으로 달리다가
1명을 앞지르면 몇 등?

7 1부터 9까지의 수 중에서 □ 안에 공통으로 들어갈 수 있는 수를 모두 구해 보세요.

> • □은(는) 5보다 큽니다.
> • □은(는) 8보다 작습니다.

(   )

8 혜수와 민규는 가위바위보 게임을 하여 이기면 세 계단 올라가고, 지면 한 계단 올라가기로 하였습니다. 혜수가 2번 이기고 1번 졌다면, 혜수는 민규보다 몇 계단 위에 있을까요? (단, 처음에 두 사람은 같은 계단에 서 있었습니다.)

( )

9 다섯 명의 학생들이 다음 조건에 맞게 한 줄로 서 있습니다. 뒤에서 둘째에 서 있는 학생의 이름을 써 보세요.

> • 상희는 맨 뒤에 서 있습니다.
> • 예린이 뒤에는 네 명이 서 있습니다.
> • 준영이는 앞에서 셋째에 서 있습니다.
> • 건호는 준영이 앞에 서 있습니다.
> • 성빈이는 준영이 뒤에 서 있습니다.

( )

10 1부터 6까지 6개의 수가 있습니다. 이 중에서 5개를 골라 작은 수부터 차례로 늘어놓으려고 합니다. 모두 몇 가지 방법이 있을까요?

( )

2

여러 가지 모양

1 여러 가지 모양 찾기

- 주변에서 ⬛, 🔵, ⚫ 모양을 찾을 수 있습니다.
- ⬛, 🔵, ⚫ 모양의 공통점과 차이점을 찾을 수 있습니다.

⬛, 🔵, ⚫ 모양 알아보기

⬛모양	🔵모양	⚫모양
![택배 상자, 주사위, 책]	![통조림, 건전지, 휴지]	![야구공, 구슬, 수박]
• 평평한 부분과 뾰족한 부분이 있습니다. • 잘 굴러가지 않습니다. • 잘 쌓을 수 있습니다.	• 평평한 부분과 둥근 부분이 있습니다. • 눕히면 잘 굴러갑니다. • 평평한 부분으로 쌓을 수 있습니다.	• 둥근 부분만 있습니다. • 어느 방향으로든 잘 굴러갑니다. • 쌓을 수 없습니다.

1 ⬛ 모양을 모두 찾아 기호를 써 보세요.

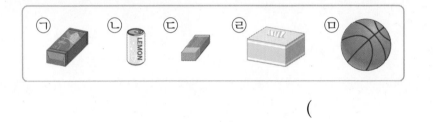

(   )

2 왼쪽 모양과 같은 모양의 물건을 찾아 기호를 써 보세요.

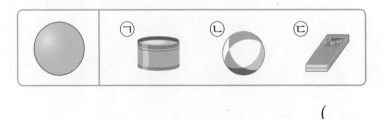

(   )

정답과 풀이 16쪽

3 다음 중 같은 모양이 3개 있는 모양을 찾아 ○표 하세요.

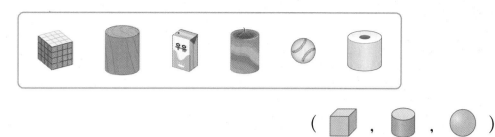

(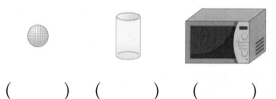)

4 설명에 알맞은 모양의 물건을 찾아 ○표 하세요.

• 뾰족한 부분이 없습니다.
• 눕히면 잘 굴러갑니다.

(   )   (   )   (   )

5 은아, 희주, 규서가 각각 모은 모양을 모두 쌓을 때, 무너지지 않게 쌓을 수 있는 사람은 누구일까요?

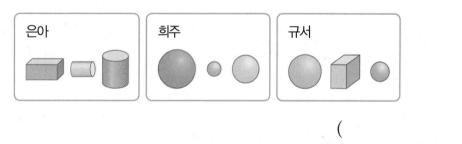

(   )

평평한 부분의 수 알아보기

⬜ 모양	🛢 모양	⚪ 모양
6개	2개	0개

6 평평한 부분이 6개인 모양은 모두 몇 개일까요?

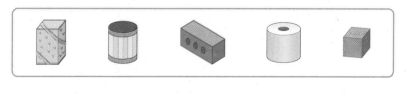

(   )

2 여러 가지 모양

• 크기나 색이 달라도 특징이 같으면 같은 모양입니다.

• ⬛, 🟫, ⚫ 모양을 이용하여 여러 가지 모양을 만들 수 있습니다.

⬛, 🟫, ⚫ 모양으로 분류하기

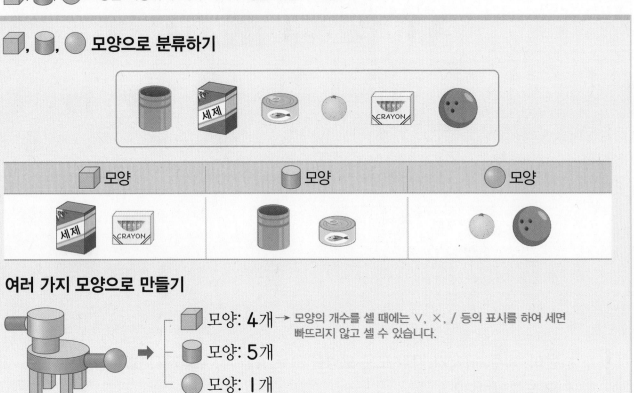

여러 가지 모양으로 만들기

⬛ 모양: **4**개 → 모양의 개수를 셀 때에는 ∨, ×, / 등의 표시를 하여 세면
빠뜨리지 않고 셀 수 있습니다.

🟫 모양: **5**개

⚫ 모양: **I**개

---

1 다음 중 모양이 다른 하나는 어느 것일까요? (   )

①   ②   ③

④   ⑤

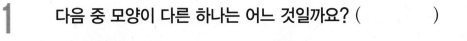

2 물건을 같은 모양끼리 모은 것을 찾아 기호를 써 보세요.

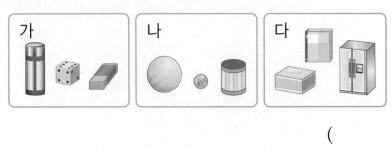

가   나   다

(   )

3 오른쪽 모양을 보고 ⬛, 🔵, ⚪ 모양 중에서 어떤 모양으로 만들었는지 ○표 하고, 몇 개를 이용했는지 구해 보세요.

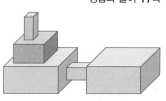

(⬛ , 🔵 , ⚪), (   )

4 오른쪽 모양을 보고 ⬛, 🔵, ⚪ 모양을 각각 몇 개씩 이용했는지 구해 보세요.

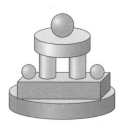

⬛ 모양 (   ), 🔵 모양 (   ), ⚪ 모양 (   )

5 왼쪽 모양을 모두 이용하여 모양을 만든 사람은 누구일까요?

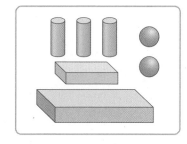 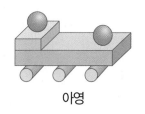 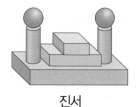

아영   진서

(   )

규칙 찾기

➡ ⚪, ⚪, ⬛, 🔵 모양이 반복되는 규칙이므로 빈칸에는 🔵가 들어갑니다.

6 규칙에 따라 빈칸에 들어갈 모양을 찾아 ○표 하세요.

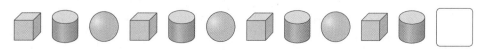

(⬛ , 🔵 , ⚪)

모양이 같은 것끼리 묶어 본다.

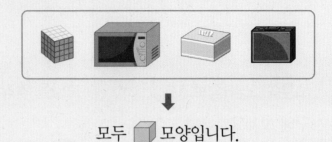

모두  모양입니다.

> ㉠ 🔵 모양이 가장 많습니다.
> ㉡ 🔵 모양이 🟦 모양보다 더 많습니다.
> ㉢ 🔵 모양이 가장 적습니다.

각 모양의 개수를 세어 봅니다.

🟦 모양: 휴지 상자, 필통, 주사위 ➡ ☐ 개

🔵 모양: 나무 도막 ➡ ☐ 개

🔵 모양: 야구공, 농구공 ➡ ☐ 개

➡ 가장 적은 모양은 (🟦 , 🔵 , 🔵) 모양입니다.

따라서 바르게 설명한 것은 ☐ 입니다.

1-1 다음 중 가장 많은 모양에 ○표 하세요.

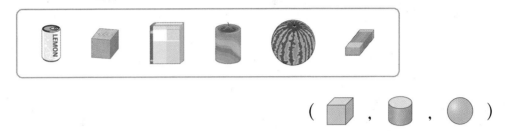

(, ,)

1-2 다음 중 잘못 설명한 것을 찾아 기호를 써 보세요.

ㄱ 모양이 가장 많습니다.

ㄴ 모양이 모양보다 더 적습니다.

ㄷ 모양이 가장 적습니다.

(   )

1-3 지수와 형기 중에서 바르게 설명한 사람은 누구일까요?

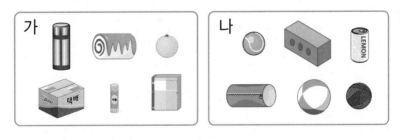

• 지수: 모양은 가보다 나에 더 많습니다.

• 형기: 모양은 가보다 나에 더 많습니다.

(   )

둘 다 가지고 있는 모양을 찾는다.

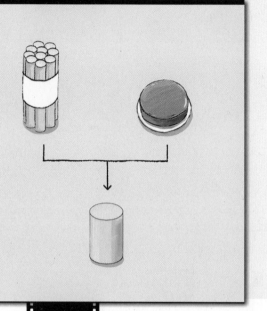

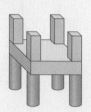 

➡ 공통으로 이용한 모양은 ⬤ 모양입니다.

두 모양을 만드는 데 공통으로 이용한 모양을 찾고, 모두 몇 개를 이용했는지 구해 보세요.

가    나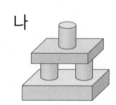

가는 모양을 [ ] 개, ⬤ 모양을 [ ] 개 이용했습니다.

나는 ⬛ 모양을 [ ] 개, ⬤ 모양을 [ ] 개 이용했습니다.

따라서 두 모양을 만드는 데 공통으로 이용한 모양은 (⬛ , ⬤ , ⬤) 모양이고,

모두 [ ] 개를 이용했습니다.

↳ 3보다 3만큼 더 큰 수

2-1 두 모양을 만드는 데 공통으로 이용한 모양에 ○표 하세요.

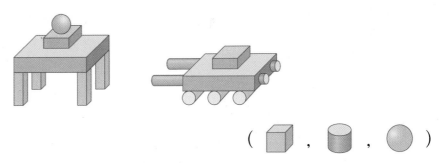

(⬜ , ⬛ , ⚫)

2-2 두 모양을 만드는 데 공통으로 이용한 모양에 ○표 하고, 모두 몇 개를 이용했는지 구해 보세요.

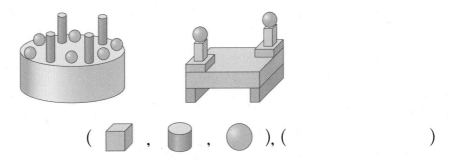

(⬜ , ⬛ , ⚫), (   )

2-3 두 모양을 만드는 데 공통으로 이용하지 않은 모양을 찾아 ○표 하고, 몇 개를 이용했는지 구해 보세요.

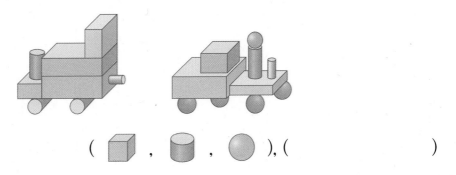

(⬜ , ⬛ , ⚫), (   )

모양의 특징을 찾아본다.

평평한 부분이 있습니다.

잘 굴러가지 않습니다.

대표문제 3

다음 물건들 중 평평한 부분이 없는 것을 찾아 기호를 써 보세요.

 모양은 ㉢, ☐이고,  모양은 ㉡, ㉣, ☐이고,  모양은 ☐입니다.

평평한 부분이 있는 모양은 ( ,  , ) 모양이고,

평평한 부분이 없는 모양은 ( ,  , ) 모양입니다.

따라서 평평한 부분이 없는 것은 ☐입니다.

3-1 다음 물건들 중 모든 부분이 둥근 모양은 모두 몇 개일까요?

(   )

3-2 다음 물건들 중 잘 굴러가지 않는 것을 모두 찾아 기호를 써 보세요.

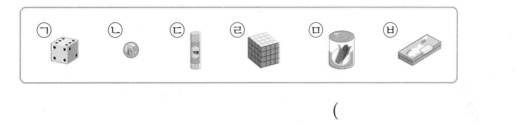

(   )

3-3 다음 물건들 중 쌓을 수도 있고 굴릴 수도 있는 물건은 모두 몇 개일까요?

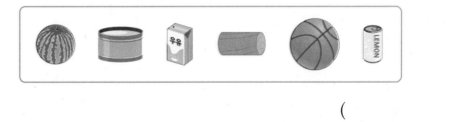

(   )

3-4 오른쪽 색칠된 부분에 들어갈 수 있는 물건을 모두 찾아 기호를 써 보세요.

둥근 부분과 평평한 부분이 모두 있습니다.

(   )

보이는 부분의 특징을 알면 전체 모양을 알 수 있다.

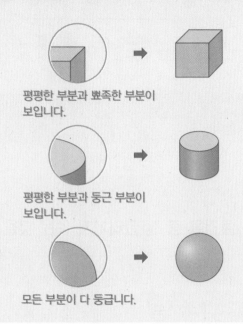

평평한 부분과 뾰족한 부분이 보입니다.

평평한 부분과 둥근 부분이 보입니다.

모든 부분이 다 둥급니다.

두 모양을 만드는 데 오른쪽과 같은 모양은 모두 몇 개를 이용 했는지 구해 보세요.

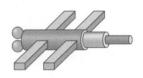

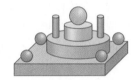

오른쪽 모양은 평평한 부분과 둥근 부분이 있으므로 (▢ , ⬤ , ◯) 모양입니다.

따라서 이용한 ⬤ 모양의 개수를 세어 보면

왼쪽 모양은 **3**개이고, 오른쪽 모양은 ▢ 개이므로 모두 ▢ 개입니다.

4-1 모양을 만드는 데 오른쪽과 같은 모양은 몇 개를 이용했는지 구해 보세요.

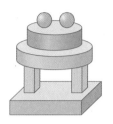

(   )

서술형 **4-2** 두 모양을 만드는 데 오른쪽과 같은 모양은 모두 몇 개를 이용했는지 풀이 과정을 쓰고 답을 구해 보세요.

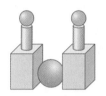 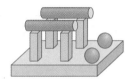

풀이 ....

....

답 ....

4-3 다음은 은수와 혜리가 하나의 모양이 들어 있는 상자 안을 들여다보고 그린 그림입니다. 오른쪽 모양을 만드는 데 상자 안에 들어 있는 모양을 몇 개 이용했는지 구해 보세요.

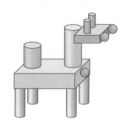

은수   혜리

(   )

만들어진 모양과 주어진 모양을 비교한다.

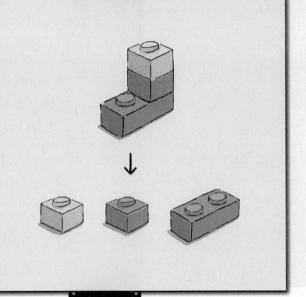

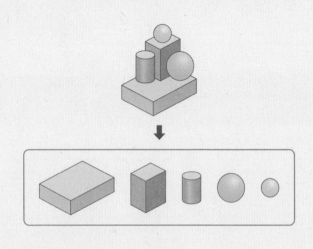

대표문제 5

왼쪽 모양을 만들 수 있는 것을 찾아 기호를 써 보세요.

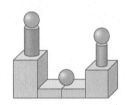

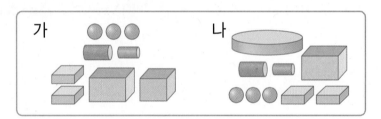

왼쪽 모양 ➡ 🔲 모양: ☐ 개, 🥫 모양: ☐ 개, ⚫ 모양: ☐ 개

가 ➡ 🔲 모양: ☐ 개, 🥫 모양: ☐ 개, ⚫ 모양: ☐ 개

나 ➡ 🔲 모양: ☐ 개, 🥫 모양: ☐ 개, ⚫ 모양: ☐ 개

따라서 왼쪽 모양을 만들 수 있는 것은 ☐ 입니다.

5-1 왼쪽 모양을 만들 수 있는 것을 찾아 기호를 써 보세요.

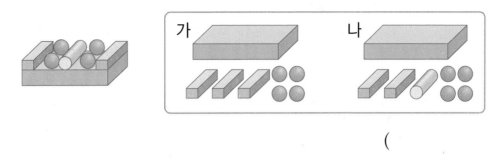

(   )

5-2 왼쪽 모양을 만들 수 있는 것을 찾아 기호를 써 보세요.

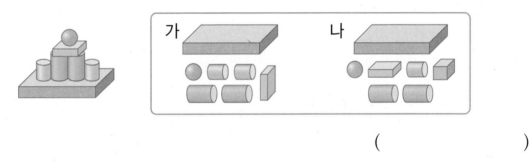

(   )

5-3 왼쪽 모양을 만드는 데 이용한 모든 모양을 이용하여 만든 모양의 기호를 써 보세요.

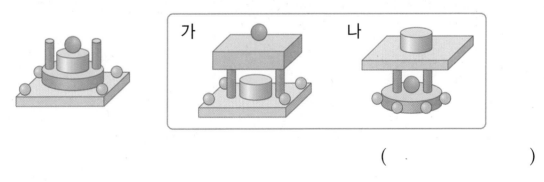

(   )

설명에 해당하는 모양을 찾아본다.

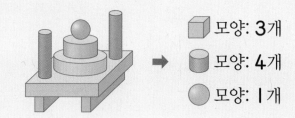

평평한 부분이 있어!

뾰족한 부분이 있어!

오른쪽 모양에 대해 잘못 설명한 것을 찾아 기호를 써 보세요.

㉠ 　모양의 개수는 　모양의 개수와 같습니다.
㉡ 가장 아래에 있는 모양은 눕히면 잘 굴러갑니다.
㉢ 가장 위에 있는 모양은 잘 쌓을 수 있습니다.

㉠ 이용한 모양의 개수를 각각 세어 보면

 모양: ☐ 개, 　모양: ☐ 개, 　모양: ☐ 개입니다.

➡ 　모양과 　모양은 각각 ☐ 개이므로 두 모양의 개수는 같습니다. (○)

㉡ 가장 아래에 있는 모양은 (　, 　, 　) 모양으로 눕히면 잘 굴러갑니다.

(☐)

㉢ 가장 위에 있는 모양은 (　, 　, 　) 모양으로 잘 쌓을 수 있습니다. (☐)

따라서 잘못 설명한 것은 ☐ 입니다.

6-1 오른쪽 모양에 대해 바르게 설명한 것을 찾아 기호를 써 보세요.

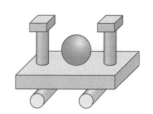

> ㉠ ▨ 모양의 개수는 ▤ 모양의 개수와 같습니다.
> ㉡ 가장 적게 사용한 모양은 뾰족한 부분이 있습니다.
> ㉢ 가장 아래에 있는 모양은 눕히면 잘 굴러갑니다.

(   )

6-2 오른쪽 모양에 대해 잘못 설명한 것을 찾아 기호를 써 보세요.

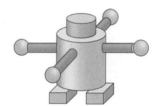

> ㉠ 가장 위에 있는 모양은 평평한 부분이 있습니다.
> ㉡ 가장 아래에 있는 모양은 눕히면 잘 굴러갑니다.
> ㉢ 가장 적게 이용한 모양은 뾰족한 부분이 있습니다.

(   )

6-3 다음 설명대로 만든 모양을 찾아 기호를 써 보세요.

> 뾰족한 부분이 있는 모양 위에 눕히면 잘 굴러가는 모양을 쌓고 그 위에는 어느 방향에서 봐도 둥근 부분만 있는 모양을 올려놓았습니다.

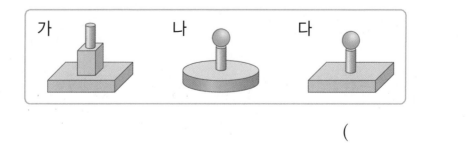

가   나   다

(   )

조건에 맞는 모양을 찾는다.

모양	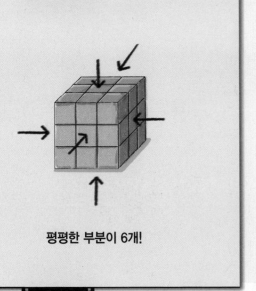		
평평한 부분의 수	6개	2개	0개

평평한 부분이 6개!

7 오른쪽 모양에서 평평한 부분이 2개인 모양은 평평한 부분이 6개인 모양보다 몇 개 더 많은지 구해 보세요.

평평한 부분이 2개인 모양은 (⬜ , ⬛ , ⚪) 모양이고,

평평한 부분이 6개인 모양은 (⬜ , ⬛ , ⚪) 모양입니다.

따라서 ⬛ 모양은 ☐ 개, ⬜ 모양은 ☐ 개이므로

⬛ 모양은 ⬜ 모양보다 ☐ 개 더 많습니다.

7-1 오른쪽 모양에서 조건에 맞는 모양의 개수를 세어 빈칸에 써넣으세요.

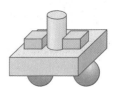

평평한 부분의 수	0개	2개	6개
이용한 모양의 개수			

7-2 오른쪽 모양에서 평평한 부분이 없는 모양은 평평한 부분이 2개인 모양보다 몇 개 더 적은지 풀이 과정을 쓰고 답을 구해 보세요.

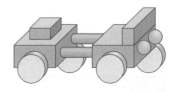

풀이

답

7-3 오른쪽 모양에서 평평한 부분이 있는 모양은 모두 몇 개일까요?

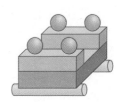

( )

7-4 오른쪽 모양에서 뾰족한 부분이 없는 모양은 뾰족한 부분이 있는 모양보다 몇 개 더 많을까요?

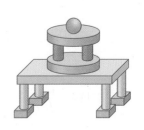

( )

남은 것은 더 큰 수로, 부족한 것은 더 작은 수로 생각한다.

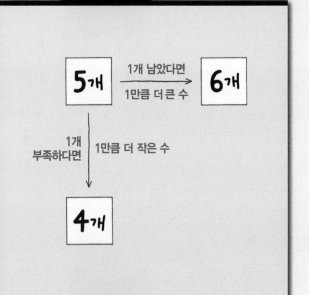

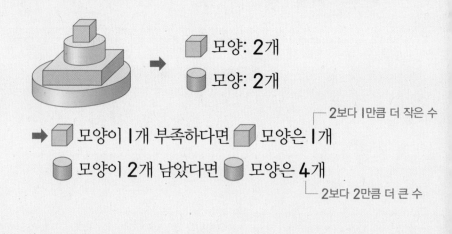

□ 모양: 2개

○ 모양: 2개

→ □ 모양이 1개 부족하다면 □ 모양은 1개 — 2보다 1만큼 더 작은 수

○ 모양이 2개 남았다면 ○ 모양은 4개 — 2보다 2만큼 더 큰 수

대표문제 8

 , ○ , ● 모양으로 오른쪽과 같은 모양을 만들려고 했더니 □ 모양은 1개, ○ 모양은 2개 부족했습니다. 가지고 있는 □, ○, ● 모양은 각각 몇 개인지 구해 보세요.

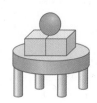

오른쪽 모양을 만들려면 □ 모양은 ☐개, ○ 모양은 ☐개, ● 모양은 1개 필요합니다.

□ 모양은 1개 부족하므로 가지고 있는 □ 모양은 2보다 1만큼 더 작은 ☐개입니다.

○ 모양은 2개 부족하므로 가지고 있는 ○ 모양은 5보다 2만큼 더 작은 ☐개입니다.

따라서 가지고 있는 □ 모양은 ☐개, ○ 모양은 ☐개, ● 모양은 ☐개입니다.

8-1 □, 🛢, ⚪ 모양으로 오른쪽과 같은 모양을 만들려고 했더니 🛢 모양이 1개 부족했습니다. 가지고 있는 🛢 모양은 몇 개인지 구해 보세요.

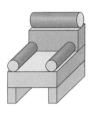

(   )

8-2 □, 🛢, ⚪ 모양으로 오른쪽과 같은 모양을 만들었더니 □ 모양은 1개, ⚪ 모양은 2개가 남았습니다. 가지고 있는 □, 🛢, ⚪ 모양은 각각 몇 개인지 구해 보세요.

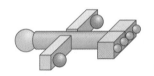

□ 모양 (   ), 🛢 모양 (   ), ⚪ 모양 (   )

8-3 □, 🛢, ⚪ 모양으로 오른쪽과 같은 모양을 만들려고 했더니 🛢 모양은 2개 부족하고, ⚪ 모양은 1개 남았습니다. 가지고 있는 □, 🛢, ⚪ 모양은 각각 몇 개인지 구해 보세요.

□ 모양 (   ), 🛢 모양 (   ), ⚪ 모양 (   )

8-4 □, 🛢, ⚪ 모양으로 오른쪽과 같은 모양을 만들었더니 □ 모양은 6개, ⚪ 모양은 1개 남았습니다. 가지고 있는 모양 중 가장 많은 모양은 몇 개일까요?

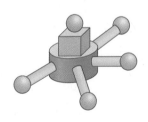

(   )

MATH MASTER

1 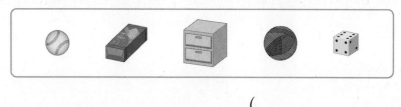 모양 중에서 다음에 없는 모양의 물건을 주변에서 2개만 찾아 써 보세요.

(   )

2 오른쪽 모양에 대해 바르게 설명한 것을 모두 찾아 기호를 써 보세요.

> ㉠ 뾰족한 부분이 있습니다.
> ㉡ 눕히면 잘 굴러갑니다.
> ㉢ 잘 쌓을 수 있습니다.
> ㉣ 평평한 부분이 없습니다.

(   )

3 ⬜ 모양 2개, ⬛ 모양 2개, ⚪ 모양 4개로 만든 모양을 찾아 기호를 써 보세요.

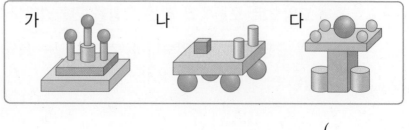

(   )

서술형 4

오른쪽과 같은 모양을 만드는 데 가장 많이 이용한 모양은 가장 적게 이용한 모양보다 몇 개 더 많이 이용했는지 풀이 과정을 쓰고 답을 구해 보세요.

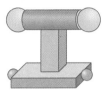

풀이

답 ....

5 다음 중 오른쪽과 같은 모양의 물건은 모두 몇 개일까요?

( )

6 주어진 모양을 모두 이용하여 만든 것을 찾아 기호를 써 보세요.

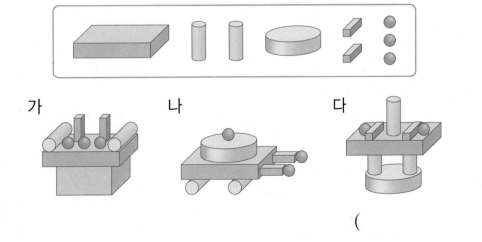

가 나 다

( )

7 다음은 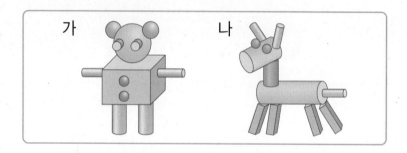, , 모양 중 한 모양에 대해 설명한 것입니다. 다음에서 설명하는 모양에는 평평한 부분이 몇 개일까요?

> • 위에서 보면 ⬤ 모양입니다.
> • 쌓을 수 있습니다.

(   )

8 모양을 보고 바르게 설명한 사람은 누구일까요?

> • 진호: ⬤ 모양은 가보다 나에 더 많습니다.
> • 혜진: 🗂 모양은 나보다 가에 더 많습니다.
> • 승우: ⬜ 모양은 가보다 나에 더 많습니다.

(   )

9 다음은 , , 모양을 일정한 규칙에 따라 늘어놓은 것입니다. 빈칸에 들어갈 모양은 어떤 모양인지 ○표 하고, 무슨 색인지 써 보세요.

먼저 생각해 봐요!

모양이 반복되는 규칙은?

(⬜   ,   🗂   ,   ⬤   ), (   )

3

덧셈과 뺄셈

1 모으기와 가르기

• 두 수를 하나의 수로 모으기하거나 하나의 수를 두 수로 가르기할 수 있습니다.

모으기

4로 모으기 ── 여러 가지 방법으로 두 수를 하나의 수로 모으기할 수 있습니다.

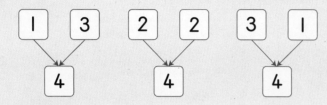

가르기

5를 가르기 ── 여러 가지 방법으로 하나의 수를 두 수로 가르기할 수 있습니다.

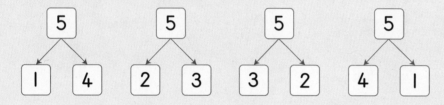

1 모으기와 가르기를 하여 빈칸에 알맞은 수를 써넣으세요.

(1)

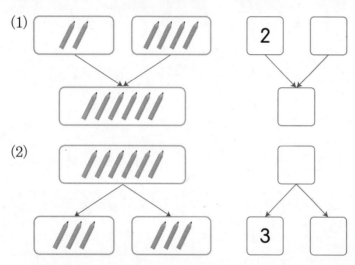

(2)

2 바둑돌을 모으기하여 7개가 되도록 선으로 이어 보세요.

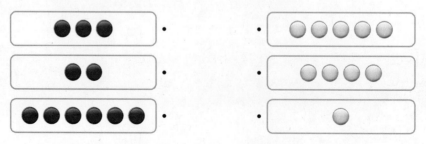

3 두 수를 모으기했을 때 8이 되는 것을 모두 찾아 기호를 써 보세요.

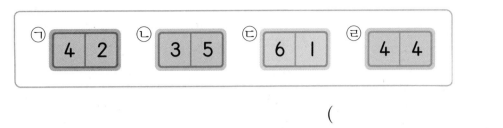

(   )

4 모으기하면 9가 되는 이웃한 두 수를 모두 찾아 묶어 보세요.

8	1	3	5
2	4	1	4
3	6	2	3
2	1	7	5

모르는 수 구하기

모으기를 한 7을 거꾸로 ㉠과 5로 가르기를 해 봅니다. ➡ ㉠ = 2

5 빈칸에 알맞은 수를 써넣으세요.

(1)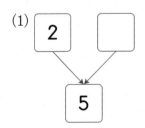

(2)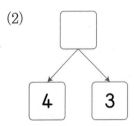

6 지우와 성규는 초콜릿 8개를 나누어 가지려고 합니다. 지우가 초콜릿 3개를 가지면 성규는 몇 개를 가질까요?

(   )

2 덧셈

- 덧셈은 '+', '='의 기호를 써서 덧셈식으로 쓸 수 있습니다.
- 덧셈을 하는 방법은 여러 가지입니다.

더하기 알아보기

$2+3$ 알아보기

양쪽이 같다는 것을 나타내는 기호입니다.

쓰기 $2+3=5$

덧셈 기호입니다.

읽기 **2** 더하기 **3**은 **5**와 같습니다.

2와 **3**의 합은 **5**입니다.

덧셈하기

$4+3$ 계산하기

방법1 그림을 그려 알아보기

$$\Rightarrow 4+3=7$$

4에 3만큼 ●표 한 수를 모두 세어 보면 **7**입니다.

방법2 모으기로 알아보기

$$\Rightarrow 4+3=7$$

4와 3을 모으기하면 **7**입니다.

---

1 그림에 알맞은 덧셈식을 쓰고 읽어 보세요.

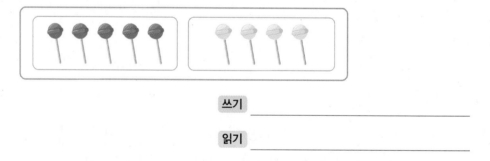

쓰기 _____

읽기 _____

2 계산해 보세요.

(1) $1+1=\boxed{}$

$1+2=\boxed{}$

$1+3=\boxed{}$

$1+4=\boxed{}$

(2) $4+2=\boxed{}$

$3+2=\boxed{}$

$2+2=\boxed{}$

$1+2=\boxed{}$

3 계산 결과가 8이 아닌 것은 어느 것일까요? (   )

① 2+6   ② 3+5   ③ 4+4
④ 5+1   ⑤ 7+1

4 두 수의 합이 5가 되는 덧셈식을 모두 만들어 보세요. (단, ☐ 안에는 1보다 크거나 같은 수가 들어갑니다.)

☐ + ☐ = 5   ☐ + ☐ = 5

☐ + ☐ = 5   ☐ + ☐ = 5

5 운동장에 남학생이 3명, 여학생이 4명 있습니다. 운동장에 있는 학생은 모두 몇 명일까요?

(   )

BASIC CONCEPT 2-2

덧셈의 교환법칙

덧셈에서는 두 수를 바꾸어 더해도 계산 결과가 같습니다.

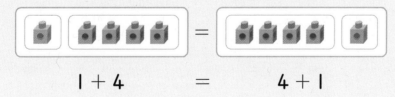

1 + 4   =   4 + 1

6 ☐ 안에 알맞은 수를 써넣으세요.

(1) 4+2=2+☐   (2) 3+5=☐+3

(3) 2+☐=6+2   (4) ☐+3=3+4

3 뺄셈, 0을 더하거나 빼기

- 뺄셈은 '−', '='의 기호를 써서 뺄셈식으로 쓸 수 있습니다.
- 뺄셈을 하는 방법은 여러 가지입니다.
- 0은 '없음'을 나타내는 수이므로 더하거나 빼도 수가 달라지지 않습니다.

빼기 알아보기

5−1 알아보기

쓰기 $5-1=4$
↳ 뺄셈 기호입니다.

읽기 5 빼기 1은 4와 같습니다.
5와 1의 차는 4입니다.

뺄셈하기

6−4 계산하기

방법1 /으로 지워 알아보기

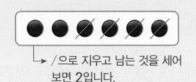

↳ /으로 지우고 남는 것을 세어
보면 2입니다.

➡ $6-4=2$

방법2 짝을 지어 알아보기

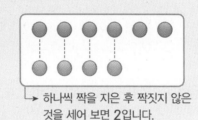

↳ 하나씩 짝을 지은 후 짝짓지 않은
것을 세어 보면 2입니다.

➡ $6-4=2$

방법3 가르기로 알아보기

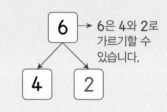

6은 4와 2로
가르기할 수
있습니다.

➡ $6-4=2$

0을 더하거나 빼기

- 어떤 수와 0을 더하면 어떤 수가 됩니다. 예 $2+0=2$, $0+2=2$
- 어떤 수에서 0을 빼면 어떤 수가 됩니다. 예 $3-0=3$
- 전체에서 전체를 빼면 0이 됩니다. 예 $4-4=0$

---

1 가르기를 이용하여 뺄셈을 하세요.

(1)
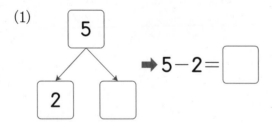

➡ $5-2=\boxed{}$

(2)
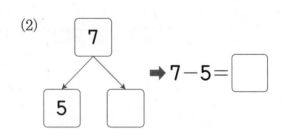

➡ $7-5=\boxed{}$

2 계산해 보세요.

(1) $5-2=\boxed{}$ (2) $6-2=\boxed{}$

        $5-3=\boxed{}$ $5-2=\boxed{}$

        $5-4=\boxed{}$ $4-2=\boxed{}$

        $5-5=\boxed{}$ $3-2=\boxed{}$

3 ☐ 안에 뺄셈 기호($-$)가 들어갈 수 있는 것을 모두 고르세요. (   )

① $5\,\Box\,3=2$ ② $2\,\Box\,5=7$ ③ $3\,\Box\,3=0$

④ $5\,\Box\,0=5$ ⑤ $4\,\Box\,2=6$

BASIC CONCEPT **3-2**

덧셈과 뺄셈의 관계

덧셈과 뺄셈을 전체와 부분으로 생각하면 세 수로 **4**개의 식을 만들 수 있습니다.

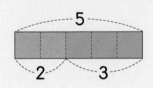

$2+3=5$	$3+2=5$
$5-2=3$	$5-3=2$

4 덧셈식을 보고 뺄셈식을 2개 만들어 보세요.

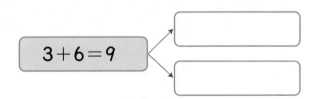

$3+6=9$

5 ☐ 안에 알맞은 수를 써넣으세요.

(1) $\boxed{}-4=1$ (2) $\boxed{}-3=3$

(3) $7-\boxed{}=5$ (4) $8-\boxed{}=2$

最상위
$\int S \int$

알 수 있는 수부터 차례로 구한다.

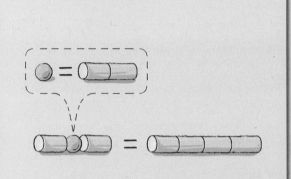

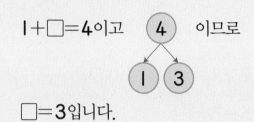

$1+\square=4$이고   ④   이므로

$\square=3$입니다.

대표문제 **1**

빈칸에 알맞은 수를 써넣으세요.

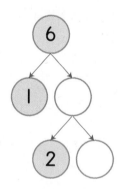

➡ 6은 1과 5로 가르기할 수 있으므로 ㉠=□입니다.

□은(는) 2와 □(으)로 가르기할 수 있으므로 ㉡=□입니다.

1-1 빈칸에 알맞은 수를 써넣으세요.

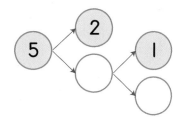

1-2 빈칸에 알맞은 수를 써넣으세요.

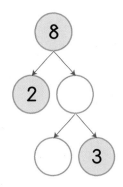

1-3 ㉠에 알맞은 수를 구해 보세요.

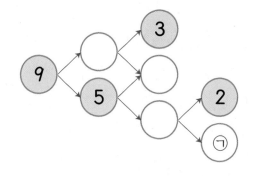

(   )

1-4 ㉠에 알맞은 수를 구해 보세요.

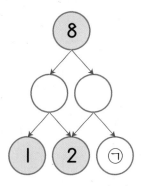

(   )

최상위 S

수를 하나씩 지워서 계산 결과를 확인한다.

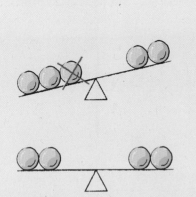

$$3+4+5=7$$

$$\require{cancel}\cancel{3}+4+5=9 \ (\times)$$

$$3+\cancel{4}+5=8 \ (\times)$$

$$3+4+\cancel{5}=7 \ (\bigcirc)$$

대표문제 2

보기 와 같이 계산이 맞도록 필요 없는 수에 ×로 표시해 보세요.

보기
$$2+\cancel{3}+4=6$$

$$2+5+3=7$$

수를 하나씩 지우면서 계산 결과를 확인합니다.

$$\cancel{2}+5+3= \boxed{} \ (\times)$$

$$2+\cancel{5}+3= \boxed{} \ (\boxed{})$$

$$2+5+\cancel{3}= \boxed{} \ (\boxed{})$$

따라서 필요 없는 수는 $\boxed{}$이므로 $\boxed{}$에 ×로 표시합니다.

2-1 계산이 맞도록 필요 없는 수에 ×로 표시해 보세요.

$$1+2+3=5$$

2-2 계산이 맞도록 필요 없는 수에 ×로 표시해 보세요.

$$7-2-3=4$$

2-3 각 식에서 수를 하나씩 지워 두 식의 합이 같게 만들려고 합니다. 각 식에서 필요 없는 수에 각각 ×로 표시하고, 이때의 합을 구해 보세요.

$$\boxed{3+1+4} \quad = \quad \boxed{4+5+2}$$

(   )

2-4 4개의 수 중에서 3개를 골라 덧셈식을 만들려고 합니다. □ 안에 알맞은 수를 써 넣으세요.

$$\boxed{2 \quad 4 \quad 3 \quad 6}$$

$$\boxed{}+\boxed{}=\boxed{}$$

가장 큰 수에서 가장 작은 수를 빼면 차가 가장 크다.

$$\boxed{1} \ \boxed{4} \ \boxed{3} \ \rightarrow \ \boxed{4} > \boxed{3} > \boxed{1}$$

- 수 카드 2장을 골라 합이 가장 큰 덧셈식 만들기

  $4+3=7$ — 가장 큰 수와 둘째로 큰 수를 더합니다.

- 수 카드 2장을 골라 차가 가장 큰 뺄셈식 만들기

  $4-1=3$ — 가장 큰 수에서 가장 작은 수를 뺍니다.

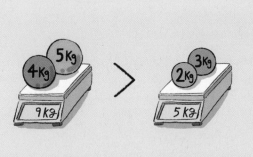

대표문제 3

5장의 수 카드 중에서 2장을 골라 합이 가장 큰 덧셈식을 만들어 보세요.

$$\boxed{1} \ \boxed{5} \ \boxed{4} \ \boxed{3} \ \boxed{2}$$

합이 가장 큰 덧셈식을 만들려면 가장 큰 수와 둘째로 큰 수를 더해야 합니다.

수 카드의 수를 큰 수부터 차례로 쓰면 $\boxed{}$, 4, $\boxed{}$, 2, 1이므로

가장 큰 수는 $\boxed{}$ 이고, 둘째로 큰 수는 $\boxed{}$ 입니다.

따라서 합이 가장 큰 덧셈식은 $\boxed{} + \boxed{} = \boxed{}$ 입니다.

3-1 4장의 수 카드 중에서 2장을 골라 합이 가장 작은 덧셈식을 만들어 보세요.

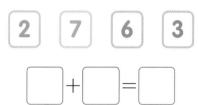

□ + □ = □

3-2 5장의 수 카드 중에서 2장을 골라 차가 가장 큰 뺄셈식을 만들어 보세요.

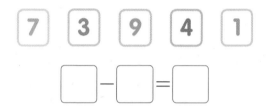

□ - □ = □

3-3 5장의 수 카드 중에서 2장을 골라 합이 둘째로 큰 덧셈식을 만들어 보세요.

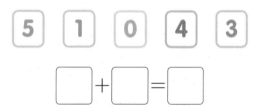

□ + □ = □

3-4 6장의 수 카드 중에서 2장을 골라 차가 3인 뺄셈식을 만들려고 합니다. 만들 수 있는 뺄셈식은 모두 몇 개일까요?

2 5 6 4 9 1

(   )

아는 수를 이용해 모르는 수를 구한다.

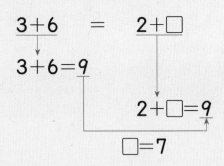

$$3+6 \quad = \quad 2+\square$$

$$3+6=9$$

$$2+\square=9$$

$$\square=7$$

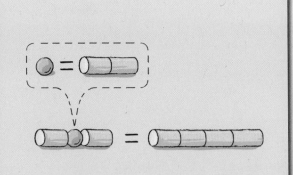

대표문제 4

민서와 혜지가 2개의 주사위를 한 번씩 던졌습니다. 민서와 혜지가 던진 두 주사위의 눈의 수의 합이 같을 때, 빈칸에 주사위의 눈을 그려 보세요.

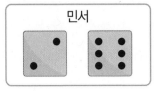

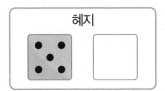

민서가 던진 두 주사위의 눈의 수의 합은 $2+6=\boxed{}$ 입니다.

혜지가 던진 두 주사위의 눈의 수의 합도 $\boxed{}$ 이므로 혜지가 던진 두 주사위 중

나머지 빈칸의 주사위의 눈의 수는 $\boxed{}-5=\boxed{}$ 입니다.

따라서 빈칸에 주사위의 눈을 $\boxed{}$ 개 그립니다. ➡ $\boxed{}$

4-1 다소와 준우가 2개의 주사위를 한 번씩 던졌습니다. 다소와 준우가 던진 두 주사위의 눈의 수의 합이 같을 때, 빈칸에 주사위의 눈을 그려 보세요.

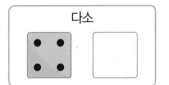 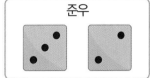

4-2 리아와 성규가 2개의 주사위를 한 번씩 던졌습니다. 리아와 성규가 던진 두 주사위의 눈의 차가 같을 때, 빈칸에 주사위의 눈을 그려 보세요. (단, 주사위의 눈의 수는 1부터 6까지입니다.)

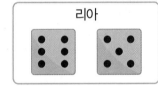 

4-3 세 주머니에 들어 있는 수 카드의 수의 합이 각각 모두 같을 때 ㉠과 ㉡의 **차**를 구해 보세요.

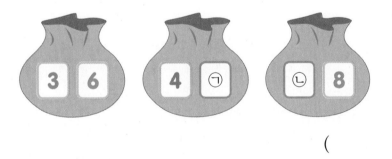

( )

4-4 모으기하여 8이 되는 세 수를 쓴 종이에 얼룩이 져 두 수가 보이지 않습니다. 보이지 않는 두 수의 차가 2일 때 보이지 않는 두 수를 각각 구해 보세요. (단, 보이지 않는 수는 1보다 크거나 같은 수입니다.)

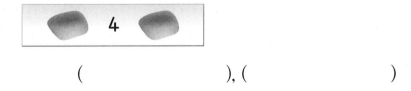

( ), ( )

알 수 있는 조건부터 차례로 구한다.

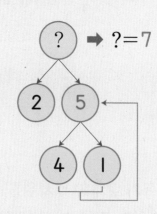

대표문제 5

다음을 읽고 ㉠에 알맞은 수를 구해 보세요.

> • 5와 ㉠을(를) 모으기하면 ●이(가) 됩니다.
> • ●은(는) 6과 2로 가르기할 수 있습니다.

먼저 둘째 조건을 이용해 ●을(를) 구합니다.

●은(는) 6과 2로 가르기할 수 있습니다. ➡ 이므로 ● = ☐ 입니다.

구한 ●의 값을 첫째 조건에 넣어 ㉠에 알맞은 수를 구합니다.

5와 ㉠을(를) 모으기하면 ●이(가) 됩니다. ➡  이므로 ㉠ = ☐ 입니다.

5-1 다음을 읽고 ㉠에 알맞은 수를 구해 보세요.

> • 5는 2와 ★(으)로 가르기할 수 있습니다.
> • ★와(과) 3을 모으기하면 ㉠이(가) 됩니다.

(   )

서술형 **5-2** 다음을 읽고 ㉠에 알맞은 수는 무엇인지 풀이 과정을 쓰고 답을 구해 보세요.

> • ◆은(는) 6과 ㉠(으)로 가르기할 수 있습니다.
> • 3과 4를 모으기하면 ◆이(가) 됩니다.

풀이 ....

....

....

답 ....

5-3 다음을 읽고 ㉠에 알맞은 수를 구해 보세요.

> • ▲은(는) 5보다 크고 7보다 작습니다.
> • ▲은(는) ㉠와(과) 4로 가르기할 수 있습니다.

(   )

5-4 다음을 읽고 ㉠에 알맞은 수를 구해 보세요.

> • 4와 ■을(를) 모으기하면 ㉠이(가) 됩니다.
> • ■은(는) 1보다 크고 4보다 작습니다.
> • ㉠은(는) 7보다 작습니다.

(   )

두 수의 차를 똑같이 나누면 두 수는 같아진다.

차: 4개

4는 2와 2로 가르기할 수 있으므로
㉠에서 구슬 2개를 ㉡으로 옮기면
㉠과 ㉡의 구슬 수가 같아집니다.

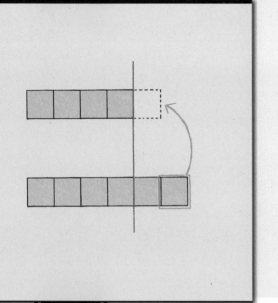

대표문제 6

초콜릿을 현수는 8개, 미나는 4개 가지고 있습니다. 두 사람의 초콜릿 개수가 같아지려면 현수는 미나에게 초콜릿을 몇 개 주어야 하는지 구해 보세요.

현수와 미나가 가진 초콜릿 개수의 차는 8 − 4 = ☐ 입니다.

☐ 은(는) 똑같은 두 수 2와 ☐ (으)로 가르기할 수 있으므로 두 사람의 초콜릿 개

수가 같아지려면 현수는 미나에게 초콜릿을 ☐ 개 주어야 합니다.

6-1 공이 가 상자에 6개, 나 상자에 4개 들어 있습니다. 두 상자에 들어 있는 공의 개수가 같아지려면 가 상자에서 나 상자로 공을 몇 개 옮겨야 할까요?

( )

서술형 **6-2** 색종이를 진호는 1장, 채유는 7장 가지고 있습니다. 두 사람의 색종이 장수가 같아지려면 채유는 진호에게 색종이를 몇 장 주어야 하는지 풀이 과정을 쓰고 답을 구해 보세요.

풀이

답

6-3 도서실에 8명의 학생이 있습니다. 그중 4명의 학생이 교실로 가서 도서실에 남은 남학생과 여학생의 수가 같아졌습니다. 도서실에 남은 남학생은 몇 명일까요?

( )

6-4 딸기 맛 사탕 3개, 오렌지 맛 사탕 6개가 있습니다. 사탕을 두 사람이 같은 개수만큼 나누어 먹었더니 1개가 남았습니다. 한 사람이 먹은 사탕은 몇 개일까요?

( )

최상위 S 하나의 수를 기준으로 더하거나 빼서 몇이 되는 수를 찾는다.

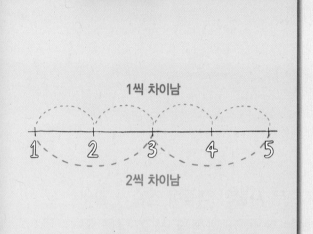

1씩 차이남

2씩 차이남

합이 5

| 1 | 2 | 3 | 4 |

합이 5

가운데를 기준으로 양쪽의 수를 더하면
합이 같습니다.

대표문제 7

6장의 수 카드 중에서 두 수의 합이 7이 되도록 수 카드를 2장씩 묶으려고 합니다. 묶을 수 있는 경우는 모두 몇 가지인지 구해 보세요.

| 1 | 2 | 3 | 4 | 5 | 6 |

두 수의 합이 7이 되는 경우를 찾아봅니다.

┌ 1과 더해 7이 되는 수: ☐

├ 2와 더해 7이 되는 수: ☐

└ 3과 더해 7이 되는 수: ☐

따라서 수 카드를 2장씩 묶어 합이 7이 되는 경우는 1과 ☐, 2와 ☐,

3과 ☐ (으)로 모두 ☐ 가지입니다.

7-1 5장의 수 카드 중에서 두 수의 합이 8이 되도록 수 카드를 2장씩 묶으려고 합니다. 묶을 수 있는 경우는 모두 몇 가지인지 구해 보세요.

| 2 | 3 | 4 | 5 | 6 |

(   )

7-2 6장의 수 카드 중에서 두 수의 차가 3이 되도록 수 카드를 2장씩 묶으려고 합니다. 묶을 수 있는 경우는 모두 몇 가지인지 구해 보세요.

| 5 | 0 | 3 | 4 | 1 | 8 |

(   )

7-3 6장의 수 카드를 두 수의 합이 모두 똑같게 2장씩 묶으려고 합니다. 묶은 수 카드끼리 선으로 연결하고, 이때의 두 수의 합을 구해 보세요.

| 2 | 3 | 4 | 5 | 6 | 7 |

(   )

7-4 0부터 5까지의 수를 ☐ 안에 한 번씩 써넣어 두 수의 차가 같도록 만들어 보세요.

$$\boxed{} - \boxed{} = \boxed{} - \boxed{} = \boxed{} - \boxed{}$$

알 수 있는 것부터 차례로 구한다.

$2+\square=5$이면

↓

$\square=3$

$\triangle+\square=8$이면

↓

$\triangle+3=8$

$\triangle=5$

$\bullet+\bullet=6$

↓

$3+3=6$이므로 $\bullet=3$

$\bullet+\triangle=9$

➡ $3+\triangle=9$

$\triangle=6$

대표문제 8

모양은 1부터 9까지의 수 중에서 서로 다른 한 수를 나타냅니다. 모양으로 나타낸 식을 보고 ■, ● 모양에 알맞은 수를 각각 구해 보세요. (단, 같은 모양은 같은 수를 나타냅니다.)

$■+■=8$

$●+■=5$

한 가지 모양으로 나타낸 식 $■+■=8$에서 ■가 나타내는 수를 먼저 구할 수 있습니다.

$■+■=8$에서 $4+\boxed{}=8$이므로 $■=\boxed{}$입니다.

$●+■=5$에서 $●+\boxed{}=5$이므로 $●=5-\boxed{}=\boxed{}$입니다.

➡ $■=\boxed{}$, $●=\boxed{}$

8-1 모양은 1부터 9까지의 수 중에서 서로 다른 한 수를 나타냅니다. 모양으로 나타낸 식을 보고 ▲, ◆ 모양에 알맞은 수를 각각 구해 보세요. (단, 같은 모양은 같은 수를 나타냅니다.)

$$▲ + ▲ = 4$$
$$◆ + ◆ = ▲$$

▲ (   ), ◆ (   )

8-2 모양은 1부터 9까지의 수 중에서 서로 다른 한 수를 나타냅니다. 모양으로 나타낸 식을 보고 ♥, ★ 모양에 알맞은 수를 각각 구해 보세요. (단, 같은 모양은 같은 수를 나타냅니다.)

$$★ - ♥ = 4$$
$$♥ + ♥ = 6$$

♥ (   ), ★ (   )

8-3 모양은 1부터 9까지의 수 중에서 서로 다른 한 수를 나타냅니다. 모양으로 나타낸 식을 보고 ●, ■, ▲ 모양에 알맞은 수를 각각 구해 보세요. (단, 같은 모양은 같은 수를 나타냅니다.)

$$● + ● = 2$$
$$■ - ● = ▲$$
$$● + ▲ = 4$$

● (   ), ■ (   ), ▲ (   )

1 오른쪽 그림에서 선끼리 마주 보는 두 수를 모으기하면 가운데 수가 되도록 빈칸에 알맞은 수를 써넣으세요.

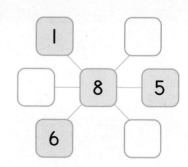

2 초콜릿 7개를 채아와 수호가 남김없이 나누어 먹을 수 있는 방법은 모두 몇 가지일까요? (단, 채아와 수호는 초콜릿을 적어도 한 개씩은 먹습니다.)

(   )

3 ■＋●를 구해 보세요. (단, 같은 모양은 같은 수를 나타냅니다.)

$$4+2=■, \quad ●+4=■$$

(   )

서술형 **4** 밤을 진모는 4개 주웠고, 현서는 진모보다 1개 덜 주웠습니다. 진모와 현서가 주운 밤은 모두 몇 개인지 풀이 과정을 쓰고 답을 구해 보세요.

풀이 ....

....

답 ....

5 4장의 수 카드 중에서 2장을 뽑아 카드에 적힌 두 수를 더할 때, 서로 다른 합을 모두 구해 보세요.

$\boxed{0}$ $\boxed{1}$ $\boxed{2}$ $\boxed{3}$

(   )

6 어떤 수에 2를 더해야 할 것을 잘못하여 뺐더니 5가 되었습니다. 바르게 계산하면 얼마일까요?

(   )

서술형 **7** 1부터 9까지의 수 중에서 똑같은 두 수로 가르기할 수 있는 수는 모두 몇 개인지 풀이 과정을 쓰고 답을 구해 보세요.

풀이 ....

....

....

답 ....

8 성미는 가지고 있던 연필의 반을 진수에게 주었더니 남은 연필이 3자루입니다. 성미가 처음에 가지고 있던 연필은 모두 몇 자루일까요?

(   )

9 오른쪽 그림에서 ㉠에 알맞은 수를 구해 보세요.

먼저 생각해 봐요!

㉠=1일 때 빈칸에 알맞은 수는?

(   )

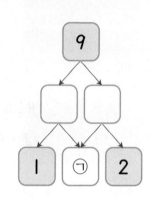

10 예주와 은수가 귤 6개와 딸기 9개를 나누어 먹으려고 합니다. 귤은 예주가 더 많이 먹고, 딸기는 은수가 더 많이 먹으려고 합니다. 예주가 먹으려는 귤과 딸기의 수가 같을 때 예주가 먹으려는 귤은 몇 개일까요?

(   )

4

비교하기

1 길이, 무게 비교하기

- 물건의 길고 짧음은 길이로 비교할 수 있습니다.
- 물건의 가볍고 무거움은 무게로 비교할 수 있습니다.

길이 비교하기

- 두 물건의 길이 비교

← 한쪽 끝을 맞추어 맞대어 비교합니다.

가위는 풀보다 더 깁니다.
풀은 가위보다 더 짧습니다.

- 세 물건의 길이 비교

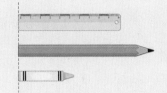

연필이 가장 깁니다.
크레파스가 가장 짧습니다.

무게 비교하기

- 두 물건의 무게 비교

손으로 들어 보았을 때 힘이
더 드는 물건이 더 무겁습니다.

수박은 귤보다 더 무겁습니다.
귤은 수박보다 더 가볍습니다.

- 세 물건의 무게 비교

풍선이 가장 가볍습니다.
바위가 가장 무겁습니다.

---

1 지우개보다 더 짧은 것은 모두 몇 개일까요?

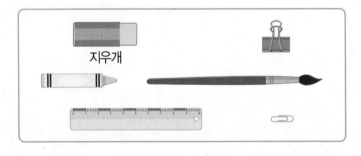

지우개

(   )

2 무거운 것부터 차례로 기호를 써 보세요.

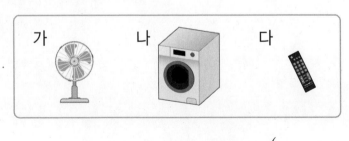

가   나   다

(   )

높이, 키 비교하기

• 물건의 높이 비교하기

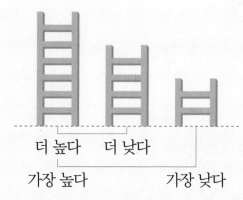

더 높다   더 낮다

가장 높다   가장 낮다

• 사람의 키 비교하기

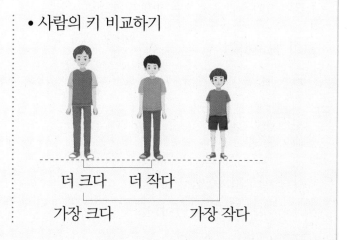

더 크다   더 작다

가장 크다   가장 작다

3 가장 높은 나무를 찾아 기호를 써 보세요.

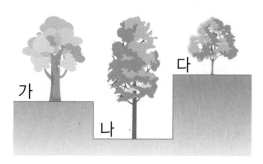

가

나

다

(   )

기구를 이용하여 무게 비교하기

시소나 저울에서는 아래로 내려간 쪽이 더 무겁습니다.

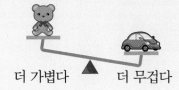

더 가볍다   더 무겁다

더 무겁다   더 가볍다

➡ 블록이 가장 가볍습니다.
장난감 자동차가 가장 무겁습니다.

4 지훈, 경주, 서준이가 시소를 타고 있습니다. 가장 무거운 사람은 누구일까요?

지훈   경주

지훈   서준

(   )

넓이, 담을 수 있는 양 비교하기

• 물건의 넓고 좁음은 넓이로 비교할 수 있습니다.
• 그릇의 크기는 담을 수 있는 양으로 비교할 수 있습니다.

넓이 비교하기

• 두 종이의 넓이 비교

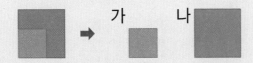

가는 나보다 더 좁습니다.
나는 가보다 더 넓습니다.

• 세 종이의 넓이 비교

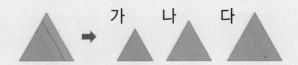

가가 가장 좁습니다.
다가 가장 넓습니다.

담을 수 있는 양 비교하기

• 두 그릇에 담을 수 있는 양 비교

가   나

가 그릇은 나 그릇보다 담을 수 있는 양이 더 적습니다.
나 그릇은 가 그릇보다 담을 수 있는 양이 더 많습니다.

• 세 그릇에 담을 수 있는 양 비교

가   나   다
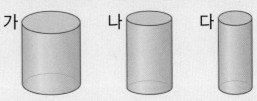

가 그릇에 담을 수 있는 양이 가장 많습니다.
다 그릇에 담을 수 있는 양이 가장 적습니다.

---

1 가장 넓은 것과 가장 좁은 것을 차례로 써 보세요.

수첩   스케치북   액자

( ), ( )

2 담을 수 있는 양이 적은 것부터 차례로 1, 2, 3을 써 보세요.

( ) ( ) ( )

크기가 같은 칸 수로 넓이 비교하기

한 칸의 크기가 같으면 칸 수가 많을수록 더 넓습니다.

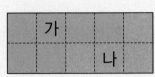

가: 6칸, 나: 4칸

➡ 가는 나보다 더 넓습니다.
나는 가보다 더 좁습니다.

3 화단에 그림과 같이 튤립과 장미를 심었습니다. 더 넓은 부분에 심은 것은 무엇일까요?

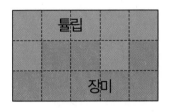

(   )

그릇에 담긴 물의 양 비교하기

• 그릇의 모양과 크기가 같은 경우
➡ 물의 높이를 비교합니다.

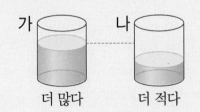

• 그릇의 모양과 크기가 다른 경우
➡ 물의 높이가 같을 때에는 그릇의 크기를 비교합니다.

4 물이 가장 많이 담겨 있는 컵에 ○표, 가장 적게 담겨 있는 컵에 △표 하세요.

(   ) (   ) (   )

많이 구부러져 있을수록 더 길다.

끈의 길이는 ㉠ → ㉡ → ㉢ 순서로 길이가 깁니다.

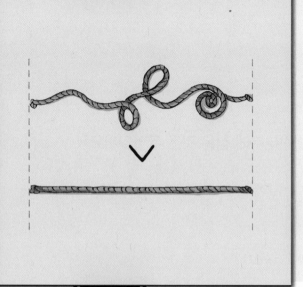

대표문제 1 길이가 가장 긴 끈을 찾아 기호를 써 보세요.

가

나

다

구부러진 끈을 곧게 폈을 때의 길이를 생각하여 비교해 봅니다.

세 끈의 양쪽 끝이 모두 맞추어져 있으므로 많이 구부러진 끈일수록 폈을 때
더 (깁니다 , 짧습니다).

따라서 길이가 긴 끈부터 차례로 기호를 쓰면 ☐ , ☐ , ☐ 이므로

가장 긴 끈은 ☐ 입니다.

1-1 길이가 가장 짧은 밧줄을 찾아 기호를 써 보세요.

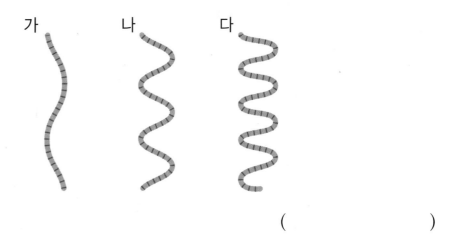

(   )

1-2 굵기가 같은 원통에 다음과 같이 끈을 감았습니다. 감은 끈의 길이가 둘째로 짧은 것을 찾아 기호를 써 보세요.

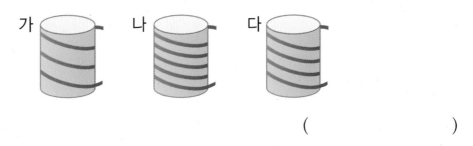

(   )

1-3 상자를 끈으로 묶었습니다. 사용한 끈의 길이가 가장 짧은 것과 가장 긴 것을 찾아 차례로 기호를 써 보세요. (단, 매듭에 사용한 끈의 길이는 모두 같습니다.)

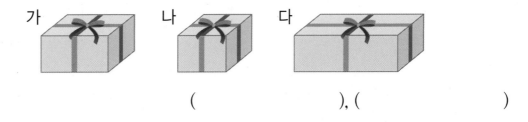

(   ), (   )

그릇의 크기나 물의 높이를 이용하여 비교한다.

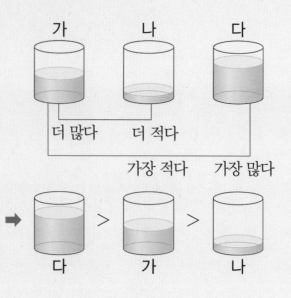

물이 가장 많이 담긴 그릇을 찾아 기호를 써 보세요.

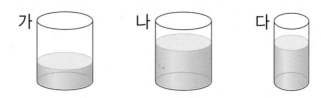

모양과 크기가 같은 가 그릇과 나 그릇에 담긴 물의 양을 비교해 봅니다.
나 그릇에 담긴 물의 높이가 가 그릇에 담긴 물의 높이보다 높으므로

[   ] 그릇에 담긴 물의 양이 더 많습니다.
　└─ 그릇의 모양과 크기가 같을 때, 물의 높이가 높을수록 담긴 물의 양이 더 많습니다.
나 그릇과 다 그릇에 담긴 물의 양을 비교해 봅니다.

나 그릇과 다 그릇에 담긴 물의 높이는 같지만 [   ] 그릇의 크기가 더 크므로

[   ] 그릇에 담긴 물의 양이 더 많습니다.
　└─ 물의 높이가 같을 때, 그릇의 크기가 클수록 담긴 물의 양이 더 많습니다.
따라서 물이 가장 많이 담긴 그릇은 [   ]입니다.

2-1 물이 가장 적게 담긴 그릇을 찾아 기호를 써 보세요.

(   )

2-2 물이 많이 담겨 있는 그릇부터 차례로 기호를 써 보세요.

(   )

2-3 은주, 현미, 진수 세 사람은 똑같은 컵에 각각 주스를 가득 채워 마시고 다음과 같이 남겼습니다. 주스를 가장 많이 마신 사람은 누구일까요?

은주   현미   진수

(   )

2-4 똑같은 크기의 물통에 물을 가득 담아서 주어진 그릇에 가득 담으려고 합니다. 물통에 남는 물의 양이 둘째로 적은 물통을 찾아 기호를 써 보세요.

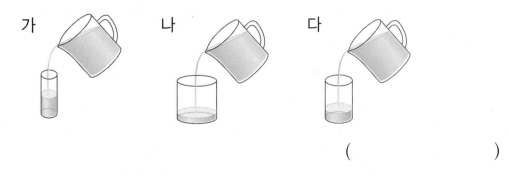

(   )

종이 한 장의 넓이에 따라 붙이는 횟수가 달라진다.

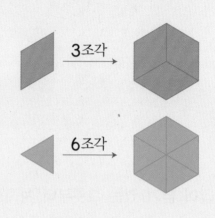

4조각　　　　8조각

대표문제3 같은 크기의 바닥을 빈틈없이 겹치지 않게 덮으려면 가 타일은 4장이 필요하고, 나 타일은 6장이 필요합니다. 가, 나 타일 중 어느 타일의 넓이가 더 넓은지 구해 보세요.

같은 크기의 바닥을 가, 나 타일로 각각 덮은 경우를 그림으로 나타내 봅니다.

① 가 타일 4장으로 덮은 경우

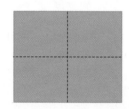

② 나 타일 6장으로 덮은 경우

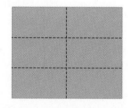

따라서 타일 1장의 넓이를 비교해 보면 □ 타일의 넓이가 더 넓습니다.

3-1 같은 크기의 책상을 윤지와 성호가 각자 가지고 있는 종이를 여러 장 사용하여 빈 틈없이 겹치지 않게 덮으려고 합니다. 사용한 종이의 장수가 더 적은 사람은 누구일까요?

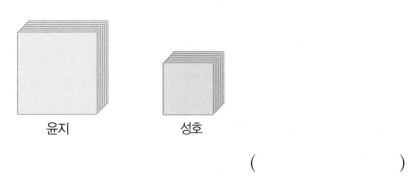

윤지   성호

(   )

서술형 **3-2** 같은 크기의 도화지를 가, 나 두 크기로 각각 잘랐더니 가 크기는 3장이 되었고, 나 크기는 5장이 되었습니다. 한 장의 넓이가 더 좁은 것은 어느 크기로 자른 것인지 풀이 과정을 쓰고 답을 구해 보세요.

풀이

답

3-3 가 활동판에는 빨간색 색종이로, 나 활동판에는 초록색 색종이로 각각 5장씩 겹치지 않게 붙였더니 빈틈이 없었습니다. 가, 나 활동판 중에서 더 넓은 것은 어느 것일까요?

(   )

3-4 똑같은 크기의 색종이를 모양과 크기가 같도록 주예는 4조각, 은혜는 5조각, 현주는 3조각으로 각각 잘랐습니다. 자른 한 조각의 넓이가 넓은 사람부터 차례로 이름을 써 보세요.

(   )

기준을 정해 더 무거운 것과 더 가벼운 것을 알아본다.

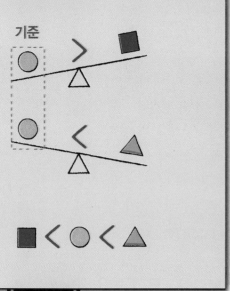

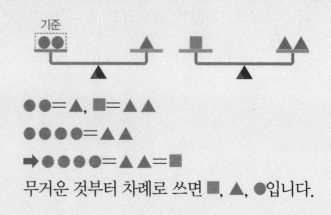

●●=▲, ■=▲▲

●●●●=▲▲

➡ ●●●●●=▲▲▲=■

무거운 것부터 차례로 쓰면 ■, ▲, ●입니다.

대표문제 4 사과, 감, 배를 저울에 달아 본 것입니다. 무거운 과일부터 차례로 이름을 써 보세요.

두 저울에 공통으로 있는 사과를 기준으로 두 개씩 짝을 지어 비교합니다.

◀ 가볍다　　　무겁다 ▶

• 사과는 감보다 더 무겁습니다. ┄┄┄┄ 감　사과

• 배는 사과보다 더 무겁습니다. ┄┄┄┄ 　사과　배

➡ 가장 무거운 과일은 [　], 가장 가벼운 과일은 [　]입니다.

따라서 무거운 과일부터 차례로 쓰면 [　], [　], [　]입니다.

4-1 다음을 읽고 가벼운 동물부터 차례로 이름을 써 보세요.

> • 원숭이는 너구리보다 더 무겁습니다.
> • 원숭이는 여우보다 더 가볍습니다.

(   )

4-2 다음을 읽고 저울의 ⬭ 안에 상자, 가방, 양동이 중에서 알맞은 것을 써 보세요.

> • 가방은 상자보다 더 무겁습니다.
> • 가방은 양동이보다 더 가볍습니다.

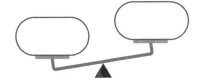 

4-3 다음을 읽고 주미, 인수, 영호, 준하 중에서 가장 무거운 사람의 이름을 써 보세요.

> • 주미: 나는 영호보다 더 가벼워.
> • 인수: 나는 영호보다 더 무거워.
> • 준하: 나는 인수보다 더 무거워.

(   )

같은 모양으로 나누면 모양의 크기를 비교할 수 있다.

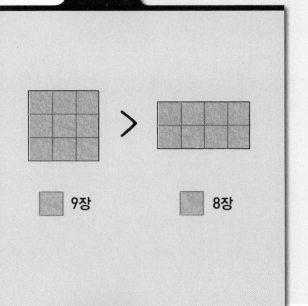

□ 9장   □ 8장

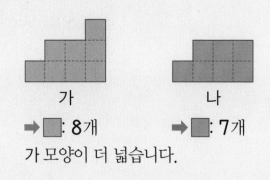

가   나

➡ □ : **8**개   ➡ □ : **7**개

가 모양이 더 넓습니다.

대표문제 5

두 모양 중에서 넓이가 더 넓은 모양을 찾아 기호를 써 보세요.

가   나

주어진 모양을 똑같은 크기의 ▲ 모양으로 나누어 개수를 세어 봅니다.

가 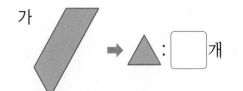 ➡ ▲ : ☐ 개   나 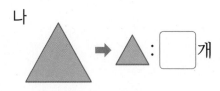 ➡ ▲ : ☐ 개

따라서 ▲ 모양의 개수가 더 많은 ☐ 의 넓이가 더 넓습니다.

5-1 두 모양 중에서 넓이가 더 좁은 모양을 찾아 기호를 써 보세요.

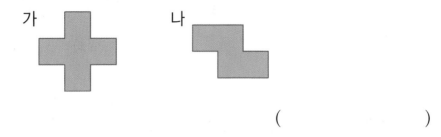

(   )

5-2 두 모양 중에서 넓이가 더 넓은 모양을 찾아 기호를 써 보세요.

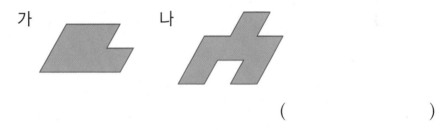

(   )

5-3 보기 의 모양 조각을 이용해 가, 나, 다 모양의 넓이를 비교하여 넓은 것부터 차례로 기호를 써 보세요.

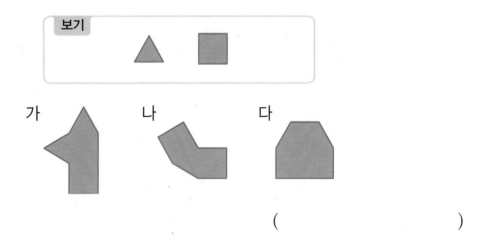

(   )

공통으로 들어간 것을 이용하여 비교한다.

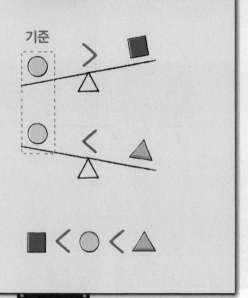

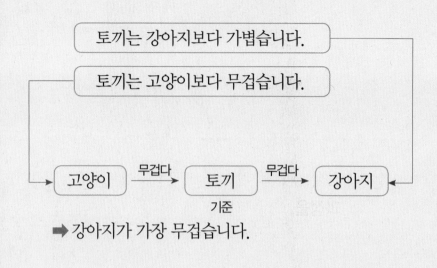

토끼는 강아지보다 가볍습니다.

토끼는 고양이보다 무겁습니다.

고양이 →무겁다→ 토끼 →무겁다→ 강아지
                 기준

➡ 강아지가 가장 무겁습니다.

대표문제 6

시후, 현주, 혜미의 키를 비교했습니다. 세 사람 중에서 키가 가장 작은 사람의 이름을 써 보세요.

- 혜미는 현주보다 키가 더 큽니다.
- 시후는 혜미보다 키가 더 작습니다.
- 현주는 시후보다 키가 더 큽니다.

두 사람씩 짝을 지어 키를 비교합니다.

- 혜미는 현주보다 키가 더 큽니다.
- 시후는 혜미보다 키가 더 작습니다.
  혜미가 시후보다 키가 더 큽니다.
- 현주는 시후보다 키가 더 큽니다.

←작다   크다→
                혜미

시후   현주

키가 작은 순서대로 쓰면 ☐, ☐, ☐ 이므로 키가 가장 작은 사람은 ☐ 입니다.

6-1 재우네 아파트 1동, 2동, 3동 중에서 가장 높은 동은 몇 동일까요?

> • 아파트 1동은 3동보다 더 낮습니다.
> • 아파트 2동이 가장 낮습니다.

(   )

서술형 **6-2** 연필, 가위, 자의 길이를 비교했습니다. 길이가 가장 짧은 물건은 어느 것인지 풀이 과정을 쓰고 답을 구해 보세요.

> • 연필은 가위보다 더 짧습니다.
> • 가위는 자보다 더 깁니다.
> • 연필은 자보다 더 짧습니다.

풀이 ....

....

답 ....

6-3 은결, 다현, 민아는 아파트의 같은 동에 살고 있습니다. 세 사람 중에서 가장 낮은 층에 사는 사람은 누구일까요?

> • 은결이는 4층에 살고 있습니다.
> • 민아는 은결이보다 한 층 더 높은 곳에 살고 있습니다.
> • 다현이는 민아보다 세 층 더 낮은 곳에 살고 있습니다.

(   )

6-4 길이가 같은 끈으로 주희, 아윤, 수호, 경수의 키를 각각 재어 보았습니다. 키를 재고 남은 끈의 길이가 주희가 가장 짧고, 경수가 가장 길었습니다. 또 수호의 남은 끈의 길이는 아윤이의 남은 끈의 길이보다 더 짧았습니다. 키가 작은 사람부터 차례로 이름을 써 보세요.

(   )

무게가 같을 때에는 개수가 많은 쪽이 더 가볍다.

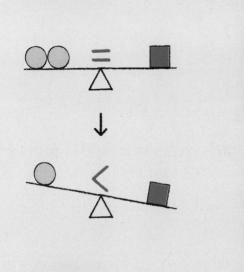

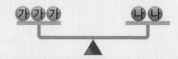

🔵나의 무게가 🔵가의 무게보다 더 무겁습니다.

대표문제 7

원숭이, 오리, 병아리의 무게를 잰 것입니다. 한 마리의 무게가 무거운 동물부터 차례로 이름을 써 보세요. (단, 같은 동물은 무게가 같습니다.)

원숭이 1마리의 무게와 오리 2마리의 무게가 같습니다.
➡ 한 마리의 무게는 원숭이가 오리보다 더
(무겁습니다 , 가볍습니다).

↳ 저울이 어느 한쪽으로도 기울어지지 않았으므로 양쪽의 무게가 같습니다.

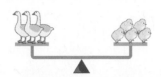

오리 3마리의 무게와 병아리 5마리의 무게가 같습니다.
➡ 한 마리의 무게는 오리가 병아리보다 더
(무겁습니다 , 가볍습니다).

따라서 한 마리의 무게가 무거운 동물부터 차례로 쓰면 원숭이, ☐ , ☐ 입니다.

7-1 로봇, 장난감 자동차, 구슬의 무게를 잰 것입니다. 한 개의 무게가 가장 무거운 장난감은 무엇일까요? (단, 같은 장난감은 무게가 같습니다.)

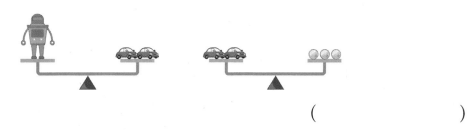

(   )

7-2 풀, 가위, 지우개의 무게를 잰 것입니다. 한 개의 무게가 가장 가벼운 물건은 무엇일까요? (단, 같은 물건은 무게가 같습니다.)

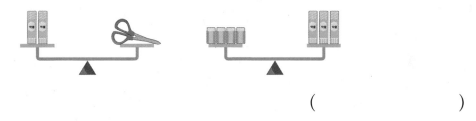

(   )

7-3 무, 호박, 배추의 무게를 잰 것입니다. 한 개의 무게가 가벼운 채소부터 차례로 써 보세요. (단, 같은 채소는 무게가 같습니다.)

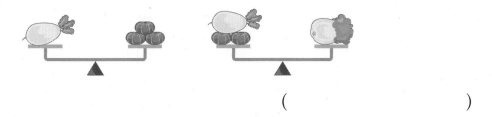

(   )

7-4 감, 사과, 배의 무게를 잰 것입니다. 한 개의 무게가 둘째로 무거운 과일은 무엇일까요? (단, 같은 과일은 무게가 같습니다.)

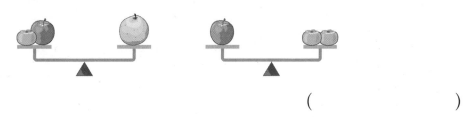

(   )

같은 그릇에 담아 보면 많고 적음을 알 수 있다.

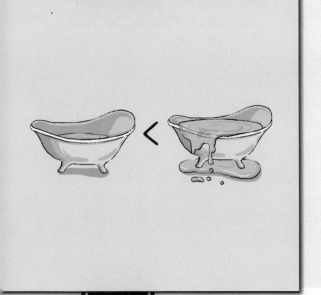

4컵   5컵   6컵

양동이에 들어 있는 물의 양이 가장 많고,
주전자에 들어 있는 물의 양이 가장 적습니다.

다음을 읽고 크기가 큰 그릇부터 차례로 기호를 써 보세요.

> • 가 그릇에 물을 가득 담아 다 그릇에 부으면 물이 반만 담깁니다.
> • 가 그릇에 물을 가득 담아 나 그릇에 부으면 물이 넘칩니다.

가 그릇에 가득 담은 물을 다 그릇에 부었을 때 물이 반만 담겼으므로 ☐ 그릇이

☐ 그릇보다 더 큽니다.

가 그릇에 가득 담은 물을 나 그릇에 부었을 때 물이 넘치므로 ☐ 그릇이 ☐ 그

릇보다 더 큽니다.

따라서 크기가 큰 그릇부터 차례로 기호를 쓰면 ☐ , ☐ , ☐ 입니다.

8-1 다음을 읽고 □ 안에 가, 나, 다를 알맞게 써넣으세요.

> • 나 컵에 물을 가득 담아 가 컵에 부으면 물이 넘칩니다.
> • 나 컵에 물을 가득 담아 다 컵에 부으면 물이 가득 채워지지 않습니다.

8-2 한나는 크기가 서로 다른 가, 나, 다 3개의 컵을 가지고 있습니다. 가 컵에 물을 가득 담아 나 컵에 부으면 물이 넘치고, 다 컵에 부으면 가득 채워지지 않습니다. 크기가 작은 컵부터 차례로 기호를 써 보세요.

(   )

8-3 같은 양의 물이 나오는 수도꼭지로 높이가 같은 가, 나, 다 그릇에 동시에 물을 받았습니다. 얼마 후 가 그릇에 물이 가득 찼을 때 나 그릇의 물은 넘쳤고 다 그릇의 물은 가득 차지 않았습니다. 물을 많이 담을 수 있는 그릇부터 차례로 기호를 써 보세요.

(   )

8-4 물을 담을 수 있는 양동이, 물통, 대야가 있습니다. 다음을 읽고 물을 둘째로 많이 담을 수 있는 것은 어느 것인지 써 보세요.

> • 대야에 물을 가득 채워서 물통에 3번 부으면 물통이 가득 찹니다.
> • 양동이에 물을 가득 채워서 물통과 대야에 물을 부으면 모두 가득 채우고 양동이에 물이 남습니다.

(   )

MATH MASTER

1 오른쪽과 같이 똑같은 길이의 고무줄을 이용해 지우개, 가위, 풀을 매달았습니다. 가장 무거운 물건과 가장 가벼운 물건을 차례로 써 보세요.

(   ), (   )

2 어항에는 가 컵으로, 물통에는 나 컵으로 물을 가득 채워 각각 5번씩 부었더니 물이 가득 찼습니다. 어항과 물통 중 담을 수 있는 물의 양이 더 많은 것은 무엇일까요?

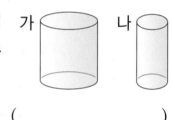

(   )

서술형 **3** 작은 한 칸의 크기가 모두 같은 종이에 오른쪽과 같이 색칠하였습니다. 색칠한 부분과 색칠하지 않은 부분 중에서 어느 부분이 더 넓은지 풀이 과정을 쓰고 답을 구해 보세요.

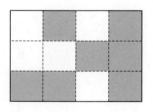

풀이 ....

....

....

답 ....

4 키가 둘째로 큰 사람은 누구인지 써 보세요.

민우   지호   서희   영미

(   )

5 길이가 가장 긴 것과 가장 짧은 것을 찾아 차례로 기호를 써 보세요.

ㄱ ─────────────
ㄴ ──────────────
ㄷ   ──────────
ㄹ ─────────

(   ), (   )

사과, 귤, 키위의 무게를 잰 것입니다. 무게가 가벼운 과일부터 차례로 알아보려고 합니다. 풀이 과정을 쓰고 답을 구해 보세요.

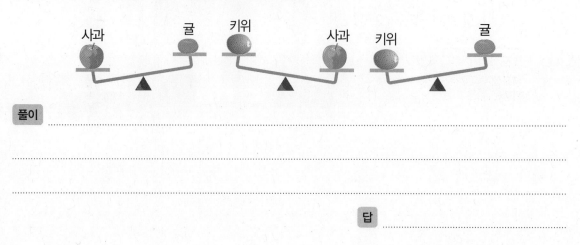

풀이 ....

....

....

답 ....

7 다음을 읽고 성원, 미주, 한규가 가진 종이의 넓이를 비교하여 넓은 종이를 가지고 있는 사람부터 차례로 이름을 써 보세요.

> • 성원: 내 종이는 미주의 종이보다 더 넓어.
> • 미주: 내 종이는 한규의 종이보다 더 좁아.
> • 한규: 성원이의 종이는 내 종이보다 더 좁아.

( )

8 오른쪽은 학교에서 혜수, 다미, 성빈이네 집에 가는 길을
나타낸 것입니다. 학교에서 집까지 가장 가까운 길로 갔
을 때 거리가 가장 먼 사람은 누구일까요?

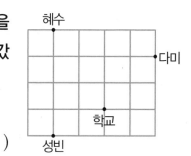

(   )

먼저 생각해 봐요!
학교에서 집까지 가장
가까운 길은?

9 그릇에 같은 구슬을 여러 개 넣으려고 합니다. 그릇에 물이 넘치려면 구슬은 적어
도 몇 개 넣어야 할까요?

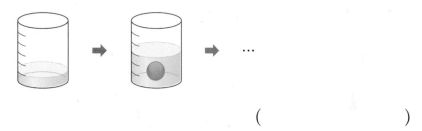

(   )

10 🛢 모양 블록 1개의 무게는 ⚪ 모양 블록 몇 개의 무게와 같을까요? (단, 같은 모
양의 블록은 무게가 같습니다.)

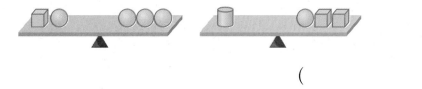

(   )

Brain 👍

주어진 그림을 아래에 똑같이 그려 보세요.

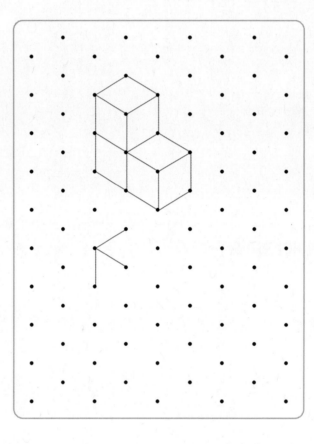

5

50까지의 수

10 알아보기, 십몇

- 십몇은 10개씩 묶음 1개와 낱개의 수로 나타낼 수 있습니다.
- 두 수를 하나의 수로 모으기하거나 하나의 수를 두 수로 가르기할 수 있습니다.

10 알아보기

9보다 1만큼 더 큰 수를 10이라 쓰고, 십 또는 열이라고 읽습니다.

10 모으기와 가르기

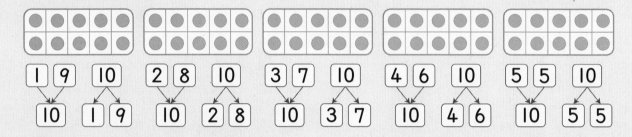

십몇

10개씩 묶음의 수	낱개의 수
1	4

➡ 14 (십사, 열넷)

19까지의 수 모으기와 가르기

- 이어 세어 수 모으기

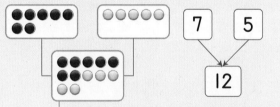

↳ 7 다음 수부터 5개의 수를 이어 세면 8, 9, 10, 11, 12이므로 7과 5를 모으기하면 12가 됩니다.

- 거꾸로 세어 수 가르기

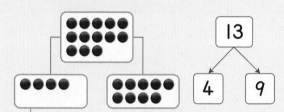

↳ 13에서부터 4만큼 거꾸로 세면 12, 11, 10, 9이므로 13은 4와 9로 가르기할 수 있습니다.

---

1 10이 되도록 ○를 그리고, □ 안에 알맞은 수를 써넣으세요.

7과 □ 을(를) 모으기하면 10이 됩니다.

2 수를 세어 보고 ☐ 안에 알맞은 수를 써넣으세요.

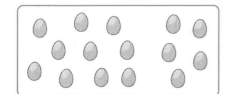

달걀은 10개씩 묶음 ☐개와 낱개 ☐개

이므로 모두 ☐개입니다.

3 11을 여러 가지 방법으로 가르기를 해 보세요.

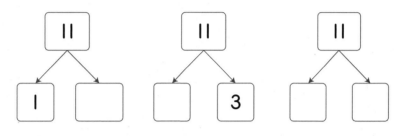

4 시우는 종이배를 10개 접으려고 합니다. 지금까지 4개 접었다면 앞으로 몇 개를 더 접어야 할까요?

(   )

BASIC CONCEPT
1-2

10을 여러 가지로 나타내기

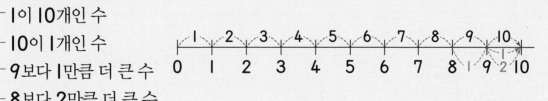

10은
- 1이 10개인 수
- 10이 1개인 수
- 9보다 1만큼 더 큰 수
- 8보다 2만큼 더 큰 수

5 나타내는 수가 다른 하나를 찾아 기호를 써 보세요.

㉠ 7보다 3만큼 더 큰 수	㉡ 열	㉢ 5보다 4만큼 더 큰 수
㉣ 십	㉤ 4보다 6만큼 더 큰 수	㉥ 2보다 8만큼 더 큰 수

(   )

2 50까지의 수

- 몇십몇은 10개씩 묶음의 수와 낱개의 수로 나타낼 수 있습니다.
- 같은 숫자라도 자리에 따라 나타내는 수가 다릅니다.

몇십 알아보기

10개씩 묶음 2개	10개씩 묶음 3개	10개씩 묶음 4개	10개씩 묶음 5개
20 (이십, 스물)	**30** (삼십, 서른)	**40** (사십, 마흔)	**50** (오십, 쉰)

몇십몇 알아보기

10개씩 묶음의 수	낱개의 수
2	6

➡ **26** (이십육, 스물여섯)

10개씩 묶음 ■개와 낱개 ●개를 ■●라고 합니다.
　　　　　　　　　　　　　└ 낱개의 수
　　　　10개씩 묶음의 수

---

1 수를 바르게 읽은 것은 어느 것일까요? (　　　　)

　① 36 ― 삼십여섯　　　② 23 ― 스물삼　　　③ 47 ― 사십일곱

　④ 24 ― 이십사　　　　⑤ 31 ― 서른일

2 빈칸에 알맞은 수를 써넣으세요.

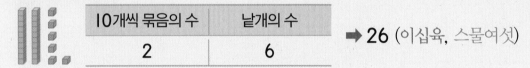

수	10개씩 묶음의 수	낱개의 수
25	2	
40		0
	3	

3 나타내는 수가 다른 하나를 찾아 기호를 써 보세요.

> ㉠ 삼십사 ㉡ 서른넷
> ㉢ 43 ㉣ 10개씩 묶음 3개와 낱개 4개

(   )

4 초콜릿이 30개 있습니다. 초콜릿을 한 봉지에 10개씩 담으면 초콜릿을 담은 봉지는 모두 몇 봉지일까요?

(   )

5 진아는 색종이 44장을 가지고 있습니다. 이 중에서 10장씩 묶음 2개를 사용했다면 남은 색종이는 몇 장일까요?

(   )

BASIC CONCEPT 2-2

10개씩 묶음 ●개와 낱개 ■▲ 개인 수

낱개의 수가 10을 넘을 때에는 10개씩 묶음의 수와 낱개의 수로 나누어 생각합니다.
예 10개씩 묶음 2개와 낱개 17개인 수

	10개씩 묶음의 수	낱개의 수
10개씩 묶음 2개인 수	2	0
낱개 17개인 수	1	7
↓		
	3	7	➡ 37

6 다음이 나타내는 수를 구해 보세요.

> 10개씩 묶음 3개와 낱개 12개인 수

(   )

3 수의 순서, 두 수의 크기 비교

- 수를 순서대로 쓰면 |씩 커집니다.
- 10개씩 묶음의 수와 낱개의 수를 이용해 수의 크기를 비교할 수 있습니다.

BASIC CONCEPT 3-1

50까지의 수의 순서

→ |씩 커집니다.

1	2	3	4	5	6	7	8	9	10
11	12	13	14	15	16	17	18	19	20
21	22	23	24	25	26	27	28	29	30
31	32	33	34	35	36	37	38	39	40
41	42	43	44	45	46	47	48	49	50

↓ 10씩 커집니다.

|만큼 더 작은 수와 |만큼 더 큰 수

|만큼 더 작은 수는 바로 앞의 수이고, |만큼 더 큰 수는 바로 뒤의 수입니다.

┌─|만큼 더 작은 수 |만큼 더 큰 수─┐

35 — 36 — 37

36   35와 37   36
바로 앞의 수   사이에 있는 수   바로 뒤의 수

두 수의 크기 비교

- 10개씩 묶음의 수가 다른 경우
  ➡ 10개씩 묶음의 수가 클수록 큰 수

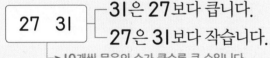

| 27 | 31 |

┌ 31은 27보다 큽니다.
└ 27은 31보다 작습니다.

→ 10개씩 묶음의 수가 클수록 큰 수입니다.

- 10개씩 묶음의 수가 같은 경우
  ➡ 낱개의 수가 클수록 큰 수

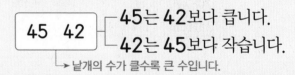

| 45 | 42 |

┌ 45는 42보다 큽니다.
└ 42는 45보다 작습니다.

→ 낱개의 수가 클수록 큰 수입니다.

---

1 순서에 맞게 빈칸에 알맞은 수를 써넣으세요.

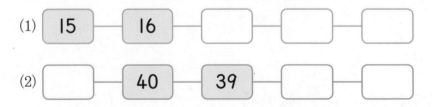

(1) 15 — 16 — □ — □ — □

(2) □ — 40 — 39 — □ — □

2 더 작은 수에 ○표 하세요.

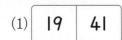

(1) | 19 | 41 |

(2) | 26 | 23 |

3 25보다 큰 수는 모두 몇 개일까요?

| 29 | 23 | 40 | 25 | 19 |

(   )

4 4장의 수 카드 중에서 2장을 골라 한 번씩만 사용하여 몇십몇을 만들려고 합니다. 만들 수 있는 수 중에서 가장 큰 수를 구해 보세요.

3   0   4   1

(   )

5 28보다 크고 35보다 작은 수는 모두 몇 개일까요?

(   )

BASIC CONCEPT 3-2

뛰어 센 규칙을 찾아 모르는 수 구하기

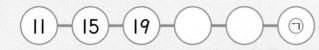

11 — 15 — 19 — ○ — ○ — ㉠

규칙 오른쪽으로 갈수록 낱개의 수가 4씩 커지는 규칙입니다.

➡ 11-15-19-23-27-31이므로 ㉠에 알맞은 수는 31입니다.

6 규칙을 찾아 ㉠에 알맞은 수를 구해 보세요.

14 — 17 — 20 — ○ — ○ — ○ — ㉠

(   )

규칙적으로 수가 나열된 방향을 찾는다.

→ 1씩 커집니다.

32	33	34	35	36
37	38	39	40	41
42	43	44	45	46

↓ 5씩 커집니다.

대표문제 1

수 배열표에서 규칙을 찾아 ●에 알맞은 수를 구해 보세요.

28	29	30	31			34
		37	38	■		
				●		48

오른쪽으로 한 칸 갈 때마다 ☐씩 커지는 규칙이므로

■에 알맞은 수는 ☐입니다.
38보다 1만큼 더 큰 수

아래쪽으로 한 칸 갈 때마다 ☐씩 커지는 규칙이므로

●에 알맞은 수는 ☐입니다.
39보다 7만큼 더 큰 수

따라서 ●에 알맞은 수는 ☐입니다.

1-1 수 배열표에서 규칙을 찾아 ㉠에 알맞은 수를 구해 보세요.

11		13	14				
	20	21		23		25	
			30	㉠			

(   )

서술형 **1-2** 수 배열표에서 규칙을 찾아 ㉠과 ㉡에 알맞은 수를 차례로 구하려고 합니다. 풀이 과정을 쓰고 답을 구해 보세요.

24			27				
		35	36	37			㉠
							㉡

풀이 ....

....

....

답 ....

1-3 수 배열표의 일부가 찢어진 것입니다. 규칙을 찾아 ㉠에 알맞은 수를 구해 보세요.

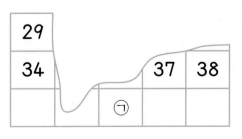

(   )

조건에 맞는 수를 구한다.

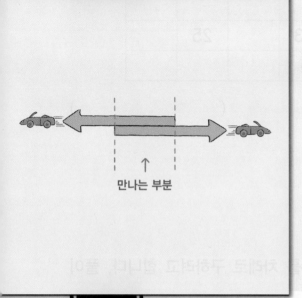

만나는 부분

18보다 큰 수 중에
→ 19, 20, 21, 22, 23, ...
22보다 작은 수는 19, 20, 21입니다.

대표문제 ■에 같은 수를 넣으려고 합니다. ■에 들어갈 수 있는 수는 모두 몇 개인지 구해 보세요.

> • ■은(는) **34**보다 큽니다.
> • ■은(는) **41**보다 작습니다.

34보다 큰 수는 35, 36, 37, ☐, ☐, ☐, ☐, ... 입니다.

41보다 작은 수는 40, 39, 38, ☐, ☐, ☐, ☐, ... 입니다.

따라서 ■에 들어갈 수 있는 수는 35, 36, ☐, ☐, ☐, 40으로

모두 ☐개입니다.

2-1 □ 안에 같은 수를 넣으려고 합니다. □ 안에 들어갈 수 있는 수를 모두 구해 보세요.

> • □은(는) 19보다 큽니다.
> • □은(는) 23보다 작습니다.

(   )

2-2 □ 안에 같은 수를 넣으려고 합니다. □ 안에 들어갈 수 있는 수는 모두 몇 개일까요?

> • □은(는) 45보다 작습니다.
> • □은(는) 38보다 큽니다.

(   )

2-3 □ 안에 같은 수를 넣으려고 합니다. □ 안에 들어갈 수 있는 수 중 둘째로 큰 수를 구해 보세요.

> • 26은 □보다 작습니다.
> • 31은 □보다 큽니다.

(   )

2-4 다음을 만족하는 어떤 수가 3개일 때, □ 안에 공통으로 들어갈 수 있는 수를 구해 보세요.

> 어떤 수는 □8보다 크고 3□보다 작습니다.

(   )

10개씩 묶음의 수와 낱개의 수를 차례로 비교한다.

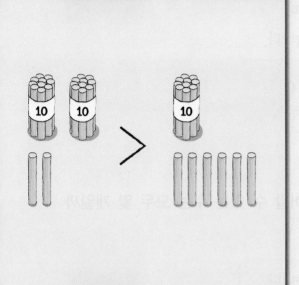

10개씩 묶음 2개와 낱개 12개인 수

10개씩 묶음의 수	낱개의 수
2	0
1	2

↓

32

대표문제 **3**

밤을 민주는 10개씩 묶음 2개와 낱개 5개를 주웠고, 형수는 10개씩 묶음 1개와 낱개 21개를 주웠습니다. 민주와 형수 중 누가 밤을 더 많이 주웠는지 구해 보세요.

10개씩 묶음 2개와 낱개 5개인 수는 [   ] 입니다.

10개씩 묶음 1개와 낱개 21개인 수는 10개씩 묶음 1+[   ]=[   ](개)와 낱개 1개
└─ 10개씩 묶음 2개와 낱개 1개인 수

인 수와 같으므로 [   ] 입니다.

따라서 10개씩 묶음의 수를 비교하면 [   ] 이(가) [   ] 보다 크므로 밤을 더 많이

주운 사람은 [   ] 입니다.

3-1 종이학을 희주는 25개 접었고, 성규는 10개씩 묶음 3개와 낱개 4개를 접었습니다. 종이학을 더 많이 접은 사람은 누구일까요?

( )

3-2 구슬을 주호는 10개씩 묶음 2개와 낱개 23개를 가지고 있고, 창수는 10개씩 묶음 3개와 낱개 11개를 가지고 있습니다. 구슬을 더 적게 가지고 있는 사람은 누구일까요?

( )

3-3 공책이 가 상자에 10권씩 묶음 1개와 낱개 21권이 들어 있고, 나 상자에 10권씩 묶음 2개와 낱개 13권이 들어 있습니다. 어느 상자에 공책이 몇 권 더 많이 들어 있을까요?

( ), ( )

3-4 현아, 슬기, 해주는 다음과 같이 칭찬 딱지를 모았습니다. 칭찬 딱지를 가장 많이 모은 사람은 누구일까요?

> • 현아: 10장씩 묶음 2개보다 4장 더 모았어.
> • 슬기: 5장만 더 모으면 10장씩 묶음 3개야.
> • 해주: 10장씩 묶음 3개를 모았어.

( )

낱개의 수가 10이 되면 10개씩 묶음의 수는 1이 된다.

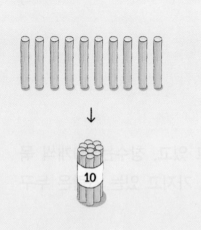

27은 10개씩 묶음의 수 2와 낱개의 수 7이므로

3만큼 더 큰 수가 되면 몇십이 됩니다.
30

대표문제 4 연필을 윤서는 10자루씩 묶음 3개를 가지고 있고, 인호는 23자루 가지고 있습니다. 윤서가 가진 연필의 수와 같아지려면 인호는 연필이 몇 자루 더 있어야 하는지 구해 보세요.

10자루씩 묶음 3개는 ☐ 자루입니다.

연필 23자루는 10자루씩 묶음 2개와 낱개 ☐ 자루입니다.

<u>낱개의 수가 10자루가 되려면</u> 연필이 ☐ 자루 더 있어야 합니다.
3자루

따라서 윤서가 가진 연필의 수와 같아지려면 인호는 연필이 ☐ 자루 더 있어야 합니다.

4-1 달걀이 45개 있습니다. 한 판에 10개씩 담아 5판을 만들려면 달걀이 몇 개 더 있어야 할까요?

(   )

4-2 구슬을 승해는 21개 가지고 있고, 윤아는 10개씩 묶음 3개를 가지고 있습니다. 윤아가 가진 구슬의 수와 같아지려면 승해는 구슬이 몇 개 더 있어야 할까요?

(   )

4-3 어느 마트에서 쿠폰을 10장씩 묶음 4개를 모으면 선물을 준다고 합니다. 쿠폰을 서주는 32장 모았고, 은호는 34장 모았습니다. 선물을 받기 위해서 더 모아야 하는 쿠폰은 누가 몇 장 더 많을까요?

(   ), (   )

4-4 사탕을 현주는 34개 가지고 있고, 청수는 10개씩 묶음 3개와 낱개 8개를 가지고 있습니다. 현주와 청수가 가진 사탕의 수를 같게 하려면 청수가 현주에게 몇 개의 사탕을 주어야 할까요?

(   )

알 수 있는 것부터 차례로 구한다.

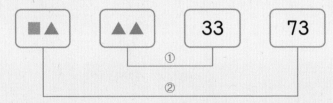

10개씩 묶음의 수와 낱개의 수를 각각 살펴보면
▲=3, ■=7

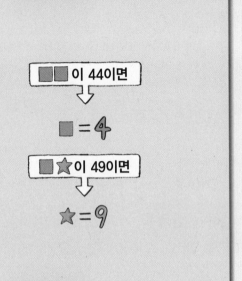

■■이 44이면

↓

■=4

■★이 49이면

↓

★=9

대표문제 5

모양 카드는 각각 보기의 수 중 하나를 나타냅니다. 모양과 수의 관계를 찾아 ●▲가 나타내는 수를 구해 보세요. (단, 각 모양은 서로 다른 숫자를 나타냅니다.)

| ■▲ | ▲▲ | ●■ |

보기

22   34   42

▲▲는 10개씩 묶음의 수와 낱개의 수가 같으므로 22입니다. ➡ ▲ = ☐

■▲에서 ▲에 ☐을(를) 넣으면 ■☐이므로 ■☐=42입니다. ➡ ■ = ☐

●■에서 ■에 ☐을(를) 넣으면 ●☐이므로 ●☐=34입니다. ➡ ● = ☐

따라서 ●▲= ☐ 입니다.

5-1 모양 카드는 각각 **보기** 의 수 중 하나를 나타냅니다. 모양과 수의 관계를 찾아 각 모양이 나타내는 수를 구해 보세요. (단, 각 모양은 서로 다른 숫자를 나타냅니다.)

■ (   ), ▲ (   ), ● (   )

5-2 모양 카드는 각각 **보기** 의 수 중 하나를 나타냅니다. 모양과 수의 관계를 찾아 ▲■가 나타내는 수를 구해 보세요. (단, 각 모양은 서로 다른 숫자를 나타냅니다.)

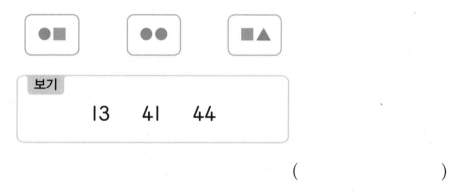

(   )

5-3 모양 카드는 각각 **보기** 의 수 중 하나를 나타냅니다. 모양과 수의 관계를 찾아 ■★이 나타내는 수를 구해 보세요. (단, 각 모양은 서로 다른 숫자를 나타냅니다.)

(   )

●와 ▲ 사이의 수는

●보다 1만큼 더 큰 수부터 ▲보다 1만큼 더 작은 수까지이다.

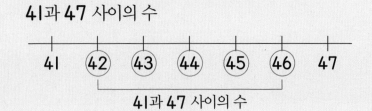

41과 47 사이의 수

41과 47 사이의 수

➡ 42, 43, 44, 45, 46

28과 ㉠ 사이의 수가 모두 7개일 때 ㉠을 구해 보세요. (단, ㉠은 28보다 큽니다.)

28과 ㉠ 사이의 수가 7개이므로 29부터 7개의 수를 순서대로 쓰면

29, ☐ , ☐ , ☐ , ☐ , ☐ , ☐ 입니다.

따라서 ㉠은 ☐ 다음 수인 ☐ 입니다.

35보다 1만큼 더 큰 수

6-1 15와 ㉠ 사이의 수가 모두 4개일 때 ㉠을 구해 보세요. (단, ㉠은 15보다 큽니다.)

(   )

서술형 **6-2** ㉠과 36 사이의 수가 모두 6개일 때 ㉠은 얼마인지 풀이 과정을 쓰고 답을 구해 보세요. (단, ㉠은 36보다 작습니다.)

풀이 ....

....

....

답 ....

6-3 18과 ㉠ 사이의 수는 모두 3개이고, ㉡과 20 사이의 수는 모두 4개입니다. 18과 ㉠, ㉡과 20 사이의 수 중 공통인 수를 구해 보세요. (단, ㉠은 18보다 크고, ㉡은 20보다 작습니다.)

(   )

6-4 다음 두 수 사이의 수가 8개일 때 ㉠이 될 수 있는 수를 모두 구해 보세요.

| 29 | | ㉠ |

(   )

조건을 만족하는 수를 차례로 찾는다.

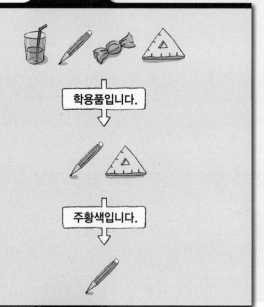

학용품입니다.

주황색입니다.

10개씩 묶음의 수와 낱개의 수의 합이 3인 수 중에
→ 0과 3, 1과 2

10개씩 묶음의 수가 낱개의 수보다 큰 수는
30과 21입니다.

대표문제 7

다음 조건을 만족하는 몇십 또는 몇십몇을 구해 보세요.

> • 10개씩 묶음의 수와 낱개의 수의 합이 2인 수입니다.
> • 10개씩 묶음의 수와 낱개의 수가 같습니다.

① 10개씩 묶음의 수와 낱개의
수의 합이 2인 수입니다.

→ **단계1** 합이 2인 수 찾기: 0과 2, 1과 [ ]

단계2 몇십 또는 몇십몇 만들기: 20, [ ]

② 10개씩 묶음의 수와 낱개의
수가 같습니다.

→ **단계3** **단계2**에서 찾은 수 중 ②의 조건에 맞는
수 고르기: [ ]

따라서 조건을 만족하는 몇십 또는 몇십몇은 [ ] 입니다.

7-1   다음 조건을 만족하는 몇십 또는 몇십몇을 모두 구해 보세요.

> 10개씩 묶음의 수와 낱개의 수의 합이 **4**인 수입니다.

(   )

7-2   다음 조건을 만족하는 몇십 또는 몇십몇 중 가장 작은 수를 구해 보세요.

> · 10개씩 묶음의 수와 낱개의 수의 합이 **5**인 수입니다.
> · 10개씩 묶음의 수가 낱개의 수보다 큽니다.

(   )

7-3   다음 조건을 만족하는 몇십몇은 모두 몇 개일까요?

> · 10개씩 묶음의 수와 낱개의 수의 합이 **7**인 수입니다.
> · 10개씩 묶음의 수와 낱개의 수의 차가 **1**인 수입니다.

(   )

7-4   다음 조건을 만족하는 몇십몇을 구해 보세요.

> · **20**과 **40** 사이의 수입니다.
> · 10개씩 묶음의 수와 낱개의 수의 합이 **8**인 수입니다.
> · 낱개의 수가 10개씩 묶음의 수보다 **4**만큼 더 큰 수입니다.

(   )

조건에 맞는 수를 구할 때 10개씩 묶음의 수를 먼저 찾는다.

1 , 2 , 3 으로 30보다 작은 수 만들기

10개씩 묶음의 수: 1 , 2

➡ 30보다 작은 수: 12, 13, 21, 23

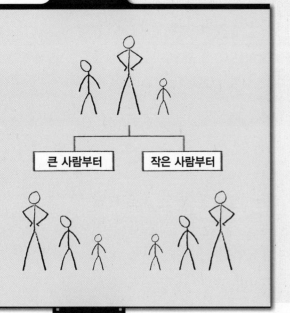

큰 사람부터   작은 사람부터

대표문제 8

4장의 수 카드 중에서 2장을 골라 한 번씩만 사용하여 몇십 또는 몇십몇을 만들려고 합니다. 만들 수 있는 수 중에서 40보다 작은 수는 모두 몇 개인지 구해 보세요.

3   0   2   4

40보다 작은 수는 10개씩 묶음의 수가 2 또는 ☐ 일 때입니다.

• 10개씩 묶음의 수가 2일 때 만들 수 있는 수: 20, 23, ☐

• 10개씩 묶음의 수가 ☐ 일 때 만들 수 있는 수: ☐ , ☐ , ☐

따라서 만들 수 있는 수 중에서 40보다 작은 수는 모두 ☐ 개입니다.

8-1 4장의 수 카드 중에서 2장을 골라 한 번씩만 사용하여 몇십 또는 몇십몇을 만들려고 합니다. 만들 수 있는 수 중에서 30보다 작은 수를 모두 구해 보세요.

0 1 2 3

(   )

서술형 **8-2** 4장의 수 카드 중에서 2장을 골라 한 번씩만 사용하여 몇십 또는 몇십몇을 만들려고 합니다. 만들 수 있는 수 중에서 20보다 큰 수는 모두 몇 개인지 풀이 과정을 쓰고 답을 구해 보세요.

2 4 1 0

풀이 ....

....

....

답 ....

8-3 5장의 수 카드 중에서 2장을 골라 한 번씩만 사용하여 몇십 또는 몇십몇을 만들려고 합니다. 만들 수 있는 수 중에서 34보다 작은 수는 모두 몇 개일까요?

0 3 9 7 2

(   )

8-4 0 부터 9 까지의 수 카드가 한 장씩 있습니다. 이 수 카드 중에서 2장을 골라 한 번씩만 사용하여 몇십 또는 몇십몇을 만들려고 합니다. 20보다 크고 35보다 작은 수는 모두 몇 개일까요?

(   )

1 빈칸에 알맞은 수를 써넣으세요.

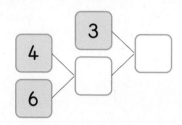

2 그림을 보고 두 가지 방법으로 가르기를 해 보세요.

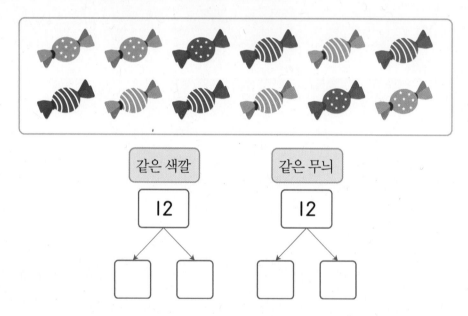

같은 색깔   같은 무늬

12   12

서술형 **3** 건호와 정아는 초콜릿 16개를 똑같이 나누어 먹으려고 합니다. 한 사람이 초콜릿을 몇 개씩 먹으면 되는지 풀이 과정을 쓰고 답을 구해 보세요.

풀이

답

4 보기 와 같은 규칙으로 빈칸에 알맞은 수를 써넣으세요.

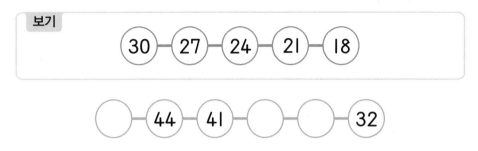

보기

30 — 27 — 24 — 21 — 18

◯ — 44 — 41 — ◯ — ◯ — 32

5 1부터 9까지의 수 중에서 ☐ 안에 들어갈 수 있는 수를 모두 구해 보세요.

☐5는 42보다 작습니다.

(   )

서술형 **6** 공연장에 30명의 사람들이 한 줄로 서 있습니다. 혜미는 앞에서 19째에 서 있고 연우는 뒤에서 다섯째에 서 있습니다. 혜미와 연우 사이에는 몇 명이 서 있는지 풀 이 과정을 쓰고 답을 구해 보세요.

풀이 ....

....

....

답 ....

7 상자에 귤이 37개 들어 있습니다. 그중에서 민호네 가족이 10개씩 묶음 2개와 낱개 3개를 먹었습니다. 남은 귤은 몇 개일까요?

(   )

8 주아가 책을 읽는데, 36쪽 다음에 몇 장이 찢어져서 바로 43쪽으로 넘어갔습니다. 책은 몇 장이 찢어졌을까요?

(   )

9 1부터 50까지의 수를 차례로 쓰면 숫자 3은 몇 번을 쓰게 될까요?

(   )

10 성희가 가지고 있는 색종이를 색깔별로 조사한 것입니다. 그런데 🔸 부분은 숫자 한 개가 지워져 잘 보이지 않습니다. 색종이의 장수가 색깔별로 모두 다르다고 할 때 셋째로 많이 가지고 있는 색종이 색깔은 무엇일까요?

색깔	빨간색	파란색	주황색	초록색
색종이 수(장)	3🔸	49	5🔸	4🔸

(   )

11 20보다 크고 40보다 작은 수 ■▲가 있습니다. ▲가 ■보다 3만큼 더 크고 ■와 ▲의 합이 9일 때, ■▲는 얼마일까요?

(   )

먼저 생각해 봐요!
10보다 크고 20보다 작은 수 ■▲에서 ■는?

Brain 👍

줄넘기의 양쪽 끝을 잡아 당겼을 때, 매듭은 몇 개 만들어질까요?

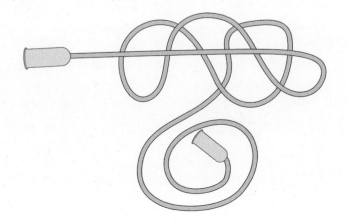

_____ 개

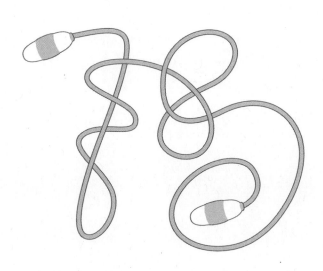

_____ 개

디딤돌과 함께하는 4가지 방법

NAVER 카페

http://cafe.naver.com/didimdolmom

교재 선택부터 맞춤 학습 가이드,
이웃맘과 선배맘들의 경험담과 정보까지
가득한 디딤돌 학부모 대표 커뮤니티

디딤돌 홈페이지

www.didimdol.co.kr

교재 미리 보기와 정답지, 동영상 등
각종 자료들을 만날 수 있는
디딤돌 공식 홈페이지

Instagram

@didimdol_mom

카드 뉴스로 만나는 디딤돌 소식과
손쉽게 참여 가능한 리그램 이벤트가
진행되는 디딤돌 인스타그램

YouTube

검색창에 디딤돌교육 검색

생생한 개념 설명 영상과
문제 풀이 영상으로 학습에 도움을 주는
디딤돌 유튜브 채널

계산이 아닌

개념을 깨우치는

수학을 품은 연산

디딤돌
연산
수학

은
이다.

1~6학년(학기용)

수학 공부의 새로운 패러다임

상위권의 기준

최상위 수학 S

초등 **1·1**

복습책

상위권의 기준

최상위
수학
S

복습책

S 1 다음 중 나타내는 수가 가장 작은 것과 가장 큰 것을 찾아 차례로 써 보세요.

| 일곱 6 오 하나 삼 |

(   ), (   )

S 2 화살표의 규칙 에 맞게 ㉠에 알맞은 수를 구해 보세요.

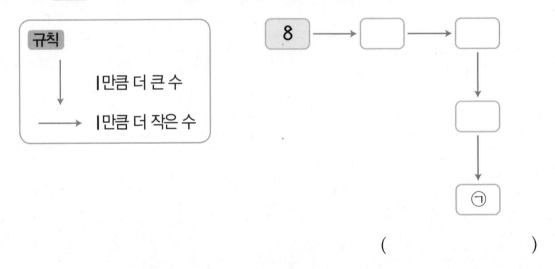

규칙

↓ **1** 만큼 더 큰 수

→ **1** 만큼 더 작은 수

8 →

↓

㉠

(   )

3 혜리는 버스를 타기 위해 친구들과 한 줄로 서 있습니다. 혜리는 앞에서 넷째에 서 있고, 혜리 바로 앞에 은호가 서 있습니다. 은호는 뒤에서 여섯째에 서 있다면 줄을 서 있는 사람은 모두 몇 명일까요?

(   )

4 6장의 수 카드를 작은 수부터 연속하는 수가 되도록 늘어놓았을 때, 오른쪽에서 둘째에 있는 수를 구해 보세요.

5   ♥   3   8   4   6

(   )

5 현주, 민수, 기호, 지혜는 4층짜리 건물에 각각 다른 층에 삽니다. 다음을 읽고 현주는 몇 층에 사는지 구해 보세요.

- 민수보다 아래층에 세 사람이 삽니다.
- 지혜는 민수보다 **3**층 아래에 삽니다.
- 기호는 지혜보다 **2**층 위에 삽니다.

(   )

6 배가 가 상자에 1개, 나 상자에 5개, 다 상자에 3개 들어 있습니다. 한 상자에서 다른 한 상자로 배를 몇 개 옮겨서 세 상자에 담긴 배의 수가 모두 같아지게 만들려면 어느 상자에서 배를 몇 개 옮겨야 할까요?

(   ), (   )

7 세 명의 학생들이 구슬을 가지고 있습니다. 구슬을 가장 많이 가지고 있는 학생의 이름과 가진 구슬의 수를 차례로 써 보세요.

- 동우는 9개보다 2개 더 적게 가지고 있습니다.
- 성태는 3개를 더 가지면 동우와 같은 수의 구슬을 가지게 됩니다.
- 지수는 성태보다 4개 더 많이 가지고 있습니다.

(   ), (   )

1 9까지의 수

본문 28~30쪽의 유사문제입니다. 한 번 더 풀어 보세요.

1 축구공과 농구공이 모두 7개 있습니다. 축구공의 수는 농구공의 수보다 1만큼 더 큰 수라면 축구공은 몇 개일까요?

( )

2 버스 정류장에 어린이 몇 명이 서 있습니다. 시후는 앞에서 다섯째, 뒤에서 넷째에 서 있다면 버스 정류장에 서 있는 어린이는 모두 몇 명일까요?

( )

서술형 **3** 5장의 수 카드를 큰 수부터 순서대로 늘어놓을 때, 왼쪽에서 넷째에 놓이는 수는 얼마인지 풀이 과정을 쓰고 답을 구해 보세요.

2 7 3 9 5

풀이

답

4 사탕을 혜지는 9개, 영미는 5개 가지고 있습니다. 두 사람이 가지고 있는 사탕 수가 같아지려면 혜지는 영미에게 사탕을 몇 개 주어야 할까요?

( )

5 다음 조건을 만족하는 수를 모두 구해 보세요.

> • 2와 8 사이의 수입니다.
> • 5보다 작은 수입니다.

(   )

6 7명의 학생들이 한 줄로 자전거를 타고 있습니다. 태호가 4등으로 자전거를 타다가 2명을 앞질렀습니다. 태호 뒤에서 자전거를 타는 학생은 몇 명일까요?

(   )

7 1부터 9까지의 수 중에서 □ 안에 공통으로 들어갈 수 있는 수를 모두 구해 보세요.

> • □은(는) 9보다 작습니다.
> • □은(는) 6보다 큽니다.

(   )

8 혁수와 윤아는 가위바위보 게임을 하여 이기면 두 계단 올라가고, 지면 한 계단 올라가기로 하였습니다. 혁수가 1번 이기고 3번 졌다면, 혁수는 윤아보다 몇 계단 아래에 있을까요? (단, 처음에 두 사람은 같은 계단에 서 있었습니다.)

(   )

9 다섯 명의 학생들이 다음 조건에 맞게 한 줄로 서 있습니다. 앞에서 셋째에 서 있는 학생의 이름을 써 보세요.

> • 하주는 맨 앞에 서 있습니다.
> • 승우 앞에는 세 명이 서 있습니다.
> • 강두는 승우 뒤에 서 있습니다.
> • 은아는 뒤에서 넷째에 서 있습니다.
> • 진규는 은아 뒤에 서 있습니다.

(   )

10 1부터 5까지 5개의 수가 있습니다. 이 중에서 4개를 골라 큰 수부터 차례로 늘어놓으려고 합니다. 모두 몇 가지 방법이 있을까요?

(   )

1 미나와 석우 중에서 바르게 설명한 사람은 누구일까요?

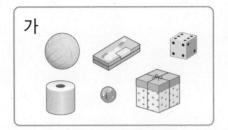
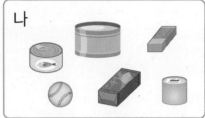

- 미나: ⬛ 모양은 가보다 나에 더 많습니다.
- 석우: ⬛ 모양은 가보다 나에 더 많습니다.

( )

2 두 모양을 만드는 데 공통으로 이용하지 않은 모양을 찾아 ○표 하고, 몇 개를 이용했는지 구해 보세요.

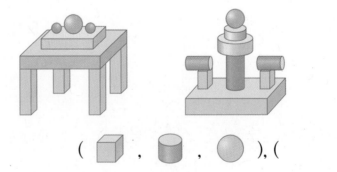

(⬛ , ⬛ , ⚫), ( )

3 오른쪽 색칠된 부분에 들어갈 수 있는 물건을 모두 찾아 기호를 써 보세요.

둥근 부분과 평평한 부분이 모두 있습니다.

(   )

4 다음은 지아와 소정이가 하나의 모양이 들어 있는 상자 안을 들여다보고 그린 그림입니다. 오른쪽 모양을 만드는 데 상자 안에 들어 있는 모양을 몇 개 이용했는지 구해 보세요.

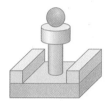

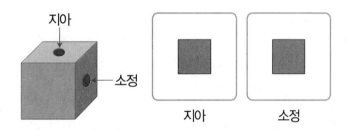

(   )

5 왼쪽의 모양을 만드는 데 이용한 모든 모양을 이용하여 만든 모양의 기호를 써 보세요.

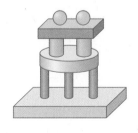

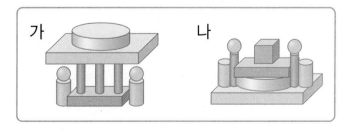

(   )

6 다음 설명대로 만든 모양을 찾아 기호를 써 보세요.

> 눕히면 잘 굴러가는 모양 위에 위, 앞, 옆의 어느 방향에서 보아도 ■ 모양인 모양을 쌓고 그 위에는 어느 방향으로도 잘 굴러가는 모양을 올려놓았습니다.

(   )

7 오른쪽 모양에서 평평한 부분이 있는 모양은 모두 몇 개일까요?

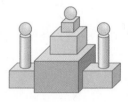

(   )

8 ▨, ▨, ◯ 모양으로 오른쪽과 같은 모양을 만들었더니 ▨ 모양은 4개, ◯ 모양은 1개 남았습니다. 가지고 있는 모양 중 가장 많은 모양은 몇 개일까요?

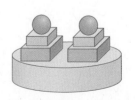

(   )

본문 52~54쪽의 유사문제입니다. 한 번 더 풀어 보세요.

1 📦, 🥫, ⚪ 모양 중에서 다음에 없는 모양의 물건을 주변에서 2개만 찾아 써 보세요.

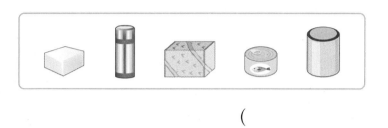

(   )

2 오른쪽 모양에 대해 바르게 설명한 것을 모두 찾아 기호를 써 보세요.

┌─────────────────────────────┐
│ ㉠ 뾰족한 부분이 없습니다. │
│ ㉡ 어느 방향으로도 잘 굴러갑니다. │
│ ㉢ 잘 쌓을 수 있습니다. │
│ ㉣ 평평한 부분이 있습니다. │
└─────────────────────────────┘

(   )

3 📦 모양 3개, 🥫 모양 2개, ⚪ 모양 2개로 만든 모양을 찾아 기호를 써 보세요.

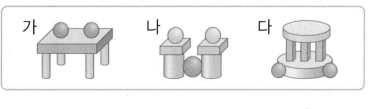

(   )

4 오른쪽과 같은 모양을 만드는 데 가장 많이 이용한 모양은 가장 적게 이용한 모양보다 몇 개 더 많이 이용했는지 풀이 과정을 쓰고 답을 구해 보세요.

풀이 ....

....

....

답 ....

5 다음 중 오른쪽과 같은 모양의 물건은 모두 몇 개일까요?

(   )

6 주어진 모양을 모두 이용하여 만든 것을 찾아 기호를 써 보세요.

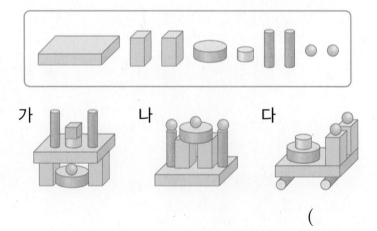

가   나   다

(   )

7 다음은 ⬛, 🔵, ⚪ 모양 중 한 모양에 대해 설명한 것입니다. 다음에서 설명하는 모양에는 평평한 부분이 몇 개 있을까요?

> • 위에서 보면 ⚫ 모양입니다.
> • 쌓을 수 없습니다.

(   )

8 모양을 보고 잘못 설명한 사람은 누구일까요?

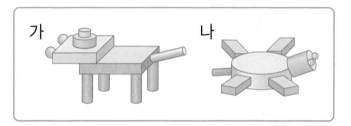

> • 송이: 🔵 모양은 나보다 가에 더 많습니다.
> • 서빈: ⚪ 모양은 같은 수만큼 있습니다.
> • 채웅: ⬛ 모양은 가보다 나에 더 적습니다.

(   )

9 다음은 ⬛, 🔵, ⚪ 모양을 일정한 규칙에 따라 늘어놓은 것입니다. 빈칸에 들어갈 모양은 어떤 모양인지 ○표 하고, 무슨 색인지 써 보세요.

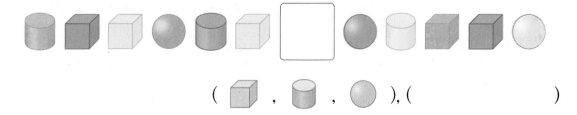

(⬛ , 🔵 , ⚪), (   )

본문 62~77쪽의 유사문제입니다. 한 번 더 풀어 보세요.

1 ㉠에 알맞은 수를 구해 보세요.

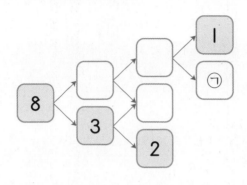

( )

2 각 식에서 수를 하나씩 지워 두 식의 합이 같게 만들려고 합니다. 각 식에서 필요 없는 수에 각각 ×로 표시하고, 이때의 합을 구해 보세요.

$$\boxed{4+3+2} \quad = \quad \boxed{5+1+3}$$

( )

3 5장의 수 카드 중에서 2장을 골라 차가 2인 뺄셈식을 만들려고 합니다. 만들 수 있는 뺄셈식은 모두 몇 개일까요?

$$\boxed{4} \quad \boxed{3} \quad \boxed{6} \quad \boxed{7} \quad \boxed{9}$$

( )

4 모으기하여 8이 되는 세 수를 쓴 종이에 얼룩이 져 두 수가 보이지 않습니다. 보이지 않는 두 수의 차가 3일 때 보이지 않는 두 수를 각각 구해 보세요. (단, 보이지 않는 수는 1보다 크거나 같은 수입니다.)

(   ), (   )

5 다음을 읽고 ㉠에 알맞은 수를 구해 보세요.

> • ♥은(는) 6보다 크고 8보다 작습니다.
> • ♥은(는) ㉠와(과) 3으로 가르기할 수 있습니다.

(   )

6 빨간색 색종이 5장, 파란색 색종이 2장이 있습니다. 색종이를 두 사람이 같은 장수만큼 나누어 가졌더니 1장이 남았습니다. 한 사람이 가진 색종이는 몇 장일까요?

(   )

7 6장의 수 카드를 두 수의 합이 모두 똑같게 2장씩 묶으려고 합니다. 묶은 수 카드끼리 선으로 연결하고, 이때의 두 수의 합을 구해 보세요.

$$\boxed{1} \quad \boxed{2} \quad \boxed{3} \quad \boxed{5} \quad \boxed{6} \quad \boxed{7}$$

(   )

8 모양은 1부터 9까지의 수 중에서 서로 다른 한 수를 나타냅니다. 모양으로 나타낸 식을 보고 ♥, ♠, ♣ 모양에 알맞은 수를 각각 구해 보세요. (단, 같은 모양은 같은 수를 나타냅니다.)

$$♥ + ♥ = 6$$
$$♠ - ♥ = 2$$
$$♣ + ♥ = ♠$$

♥ (   ), ♠ (   ), ♣ (   )

3 덧셈과 뺄셈

정답과 풀이 64쪽

본문 78~80쪽의 유사문제입니다. 한 번 더 풀어 보세요.

1 오른쪽 그림에서 선끼리 마주 보는 두 수를 모으기하면
가운데 수가 되도록 빈칸에 알맞은 수를 써넣으세요.

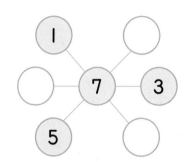

2 과자 5개를 서주와 진규가 남김없이 나누어 먹을 수 있는 방법은 모두 몇 가지일
까요? (단, 서주와 진규는 과자를 적어도 한 개씩은 먹습니다.)

(   )

3 ★ − ♥를 구해 보세요. (단, 같은 모양은 같은 수를 나타냅니다.)

$$5+3=★, \; 3+♥=★$$

(   )

서술형 4 딱지를 연주는 3개 접었고, 지우는 연주보다 2개 더 접었습니다. 연주와 지우가
접은 딱지는 모두 몇 개인지 풀이 과정을 쓰고 답을 구해 보세요.

풀이

답

5 4장의 수 카드 중에서 2장을 뽑아 카드에 적힌 큰 수에서 작은 수를 뺄 때, 서로 다른 차를 모두 구해 보세요.

$$\boxed{2} \quad \boxed{3} \quad \boxed{4} \quad \boxed{5}$$

(   )

6 어떤 수에서 3을 빼야 할 것을 잘못하여 더했더니 7이 되었습니다. 바르게 계산하면 얼마일까요?

(   )

서술형 **7** 2부터 9까지의 수 중에서 똑같은 두 수로 가르기할 수 없는 수는 모두 몇 개인지 풀이 과정을 쓰고 답을 구해 보세요.

풀이 ....

....

....

답 ....

8 다혜는 가지고 있던 사탕의 반을 진우에게 주었더니 남은 사탕이 4개입니다. 다혜가 처음에 가지고 있던 사탕은 모두 몇 개일까요?

( )

9 오른쪽에서 ㉠에 알맞은 수를 구해 보세요.

( )

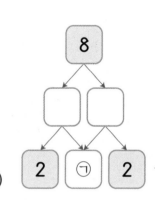

10 연수와 민주가 지우개 5개와 연필 8자루를 나누어 가지려고 합니다. 지우개는 연수가 더 많이 가지고, 연필은 민주가 더 많이 가지려고 합니다. 연수가 가지려는 지우개와 연필의 수가 같을 때 연수가 가지려는 연필은 몇 자루일까요?

( )

본문 86~101쪽의 유사문제입니다. 한 번 더 풀어 보세요.

S 1 굵기가 같은 나무 막대에 다음과 같이 끈을 감았습니다. 감은 끈의 길이가 둘째로 긴 것을 찾아 기호를 써 보세요.

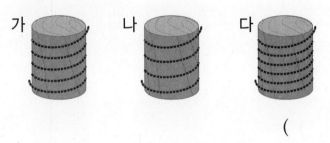

(   )

S 2 똑같은 크기의 물통에 물을 가득 담아서 주어진 그릇에 물을 가득 담으려고 합니다. 물통에 남는 물의 양이 적은 것부터 차례로 기호를 써 보세요.

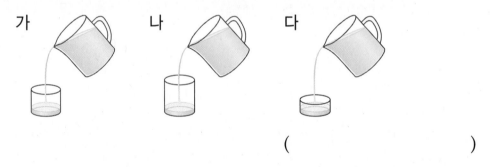

(   )

S 3 똑같은 크기의 도화지를 모양과 크기가 같도록 단우는 4조각, 유이는 6조각, 민수는 3조각으로 각각 잘랐습니다. 자른 한 조각의 넓이가 좁은 사람부터 차례로 이름을 써 보세요.

(   )

4 다음을 읽고 오렌지, 복숭아, 키위, 귤 중에서 가장 무거운 과일의 이름을 써 보세요.

> • 복숭아가 오렌지보다 더 무겁습니다.
> • 오렌지가 키위보다 더 무겁습니다.
> • 키위가 귤보다 더 무겁습니다.

(   )

5 보기 의 모양 조각을 이용해 가, 나, 다 모양의 넓이를 비교하여 좁은 것부터 차례로 기호를 써 보세요.

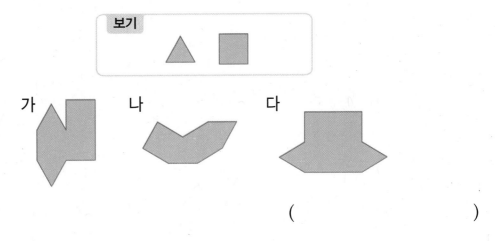

(   )

6 영호, 희주, 현수는 아파트의 같은 동에 살고 있습니다. 세 사람 중에서 가장 높은 층에 사는 사람은 누구일까요?

> • 영호는 **2**층에 살고 있습니다.
> • 희주는 영호보다 세 층 더 높은 곳에 살고 있습니다.
> • 현수는 희주보다 두 층 더 낮은 곳에 살고 있습니다.

(   )

7 그림을 보고 가장 무거운 구슬은 어느 것인지 써 보세요. (단, 같은 색깔의 구슬은 무게가 같습니다.)

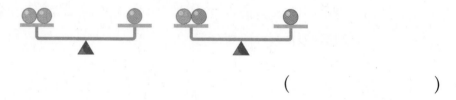

(   )

8 물을 담을 수 있는 가, 나, 다 그릇이 있습니다. 다음을 읽고 물을 가장 적게 담을 수 있는 그릇은 어느 것인지 써 보세요.

> • 나 그릇에 물을 가득 채워서 가와 다 그릇에 각각 부으면 두 그릇에 물이 모두 넘칩니다.
> • 다 그릇에 물을 가득 채워서 가 그릇에 **2**번 부으면 가득 찹니다.

(   )

본문 102~105쪽의 유사문제입니다. 한 번 더 풀어 보세요.

1 오른쪽과 같이 똑같은 길이의 고무줄을 이용해 상자를 매달았습니다. 가장 무거운 상자와 가장 가벼운 상자의 기호를 차례로 써 보세요.

( ), ( )

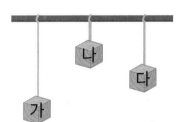

2 주전자에는 가 그릇으로, 수조에는 나 그릇으로 물을 가득 채워 각각 6번씩 부었더니 물이 가득 찼습니다. 주전자와 수조 중에서 담을 수 있는 물의 양이 더 적은 것은 무엇일까요?

( )

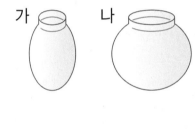

서술형 **3** 작은 한 칸의 크기가 모두 같은 종이에 오른쪽과 같이 색칠하였습니다. 더 좁은 것은 어느 것인지 풀이 과정을 쓰고 답을 구해 보세요.

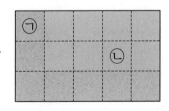

풀이 ......

......

......

답 ......

4 네 풍선 중 셋째로 높은 곳에 있는 풍선은 무슨 색깔일까요?

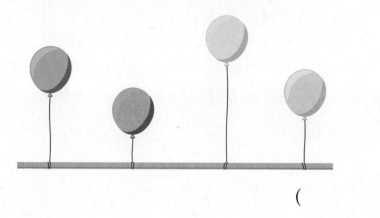

(   )

5 길이가 가장 긴 것과 가장 짧은 것을 찾아 차례로 기호를 써 보세요.

(   ), (   )

서술형 6 진주, 우진, 은서가 시소를 타고 있습니다. 무거운 사람부터 차례로 알아보려고 합니다. 풀이 과정을 쓰고 답을 구해 보세요.

진주   우진   우진   은서   진주   은서

풀이 ....

....

....

답 ....

7 다음을 읽고 감자, 고구마, 옥수수를 심은 밭의 넓이를 비교하여 넓은 부분에 심은 것부터 차례로 써 보세요.

> • 감자를 심은 밭이 옥수수를 심은 밭보다 더 넓습니다.
> • 고구마를 심은 밭이 옥수수를 심은 밭보다 더 넓습니다.
> • 감자를 심은 밭이 고구마를 심은 밭보다 더 좁습니다.

(   )

8 오른쪽은 집에서 약국, 도서관, 마트를 가는 길을 나타낸 것입니다. 집에서 약국, 도서관, 마트를 가장 가까운 길로 각각 가려고 할 때, 가장 먼 곳은 어디일까요?

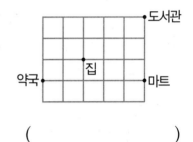

(   )

9 그릇에 같은 구슬을 여러 개 넣으려고 합니다. 그릇에 물이 가득 차게 하려면 구슬은 모두 몇 개 넣어야 할까요?

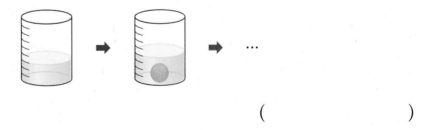

(   )

10 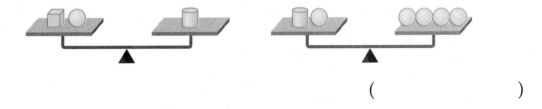 모양 블록 1개의 무게는 ⚪ 모양 블록 몇 개의 무게와 같을까요? (단, 같은 모양 블록끼리는 무게가 같습니다.)

(   )

5 50까지의 수

본문 114~129쪽의 유사문제입니다. 한 번 더 풀어 보세요.

S 1 일부만 있는 수 배열표에서 규칙을 찾아 ㉠에 알맞은 수를 구해 보세요.

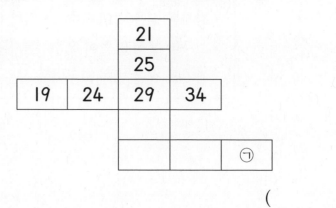

(   )

S 2 다음을 만족하는 어떤 수가 5개일 때, □ 안에 공통으로 들어갈 수 있는 수를 구해 보세요.

> 어떤 수는 □7보다 크고 4□보다 작습니다.

(   )

S 3 탁구공이 가 상자에 10개씩 묶음 3개와 낱개 15개가 들어 있고, 나 상자에 10개씩 묶음 2개와 낱개 24개가 들어 있습니다. 어느 상자에 탁구공이 몇 개 더 많이 들어 있을까요?

(   ), (   )

4 색종이를 진수는 10장씩 묶음 2개와 낱개 8장을 가지고 있고, 영아는 26장 가지고 있습니다. 진수와 영아가 가진 색종이 수를 같게 하려면 진수가 영아에게 몇 장의 색종이를 주어야 할까요?

( )

5 모양 카드는 각각 보기 의 수 중 하나를 나타냅니다. 모양과 수의 관계를 찾아 ●★이 나타내는 수를 구해 보세요. (단, 각 모양은 서로 다른 숫자를 나타냅니다.)

★● ▲● ▲★

보기
24 32 34

( )

6 31과 ㉠ 사이의 수는 모두 4개이고, ㉡과 40 사이의 수는 모두 5개입니다. 31과 ㉠, ㉡과 40 사이의 수 중 공통인 수를 구해 보세요. (단, ㉠은 31보다 크고 ㉡은 40보다 작습니다.)

( )

7 다음 조건을 만족하는 몇십몇을 구해 보세요.

> • 30과 50 사이의 수입니다.
> • 10개씩 묶음의 수와 낱개의 수의 합이 7인 수입니다.
> • 10개씩 묶음의 수가 낱개의 수보다 1만큼 더 큰 수입니다.

(   )

8 5장의 수 카드 중에서 2장을 골라 한 번씩만 사용하여 몇십 또는 몇십몇을 만들려고 합니다. 만들 수 있는 수 중에서 33보다 큰 수는 모두 몇 개일까요?

1 0 4 2 3

(   )

본문 130~133쪽의 유사문제입니다. 한 번 더 풀어 보세요.

1 빈칸에 알맞은 수를 써넣으세요.

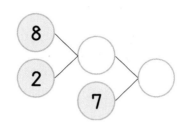

2 그림을 보고 두 가지 방법으로 가르기를 해 보세요.

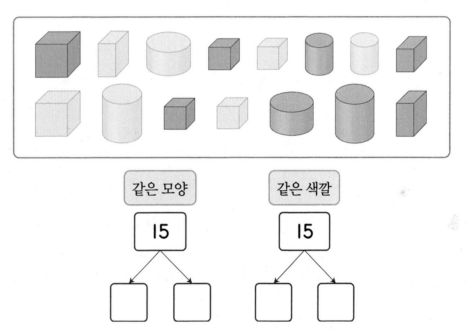

옥수수 18개를 두 봉지에 똑같이 나누어 담으려고 합니다. 한 봉지에 옥수수를 몇
3 개씩 담으면 되는지 풀이 과정을 쓰고 답을 구해 보세요.

서술형

풀이 ....

....

....

답 ....

4 보기 와 같은 규칙으로 빈칸에 알맞은 수를 써넣으세요.

보기

| 17 | 21 | 25 | 29 | 33 |

| | | 19 | 23 | | 31 |

5 1부터 9까지의 수 중에서 □ 안에 들어갈 수 있는 수를 모두 구해 보세요.

38은 □9보다 큽니다.

( )

서술형 **6** 운동장에 25명의 학생들이 한 줄로 서 있습니다. 예주는 앞에서 11째에 서 있고 서호는 뒤에서 일곱째에 서 있습니다. 예주와 서호 사이에는 몇 명이 서 있는지 풀이 과정을 쓰고 답을 구해 보세요.

풀이

답

7 상자에 공책이 45권 들어 있습니다. 그중에서 경수네 반 학생에게 10권씩 묶음 3개와 낱개 4권을 나누어 주었습니다. 남은 공책은 몇 권일까요?

( )

8 동화책이 28쪽 다음에 몇 장이 찢어져서 바로 39쪽으로 넘어갔습니다. 동화책은 몇 장이 찢어졌을까요?

(   )

9 1부터 50까지의 수를 차례로 쓰면 숫자 5는 몇 번을 쓰게 될까요?

(   )

10 과일 가게의 과일을 종류별로 조사한 것입니다. 그런데 ▨ 부분은 숫자 한 개가 지워져 잘 보이지 않습니다. 과일의 개수가 모두 다르다고 할 때 둘째로 적은 과일은 무엇일까요?

과일	귤	배	감	사과
개수(개)	1▨	3▨	29	2▨

(   )

11 10보다 크고 40보다 작은 수 ●■가 있습니다. ●가 ■보다 5만큼 더 작고 ●와 ■를 모으기하면 11일 때, ●■는 얼마일까요?

(   )

상위권의 기준

최상위
사고력

수학 좀 한다면

상위권을 위한
사고력
생각하는 방법도
최상위!

수능까지 연결되는 독해 로드맵

디딤돌 독해력은 수능까지 연결되는 체계적인 라인업을 통하여

수능에서 요구하는 핵심 독해 원리에 대한 이해는 물론,

단계 별로 심화되며 연결되는 학습의 과정을 통해

깊이 있고 종합적인 독해 사고의 능력까지 기를 수 있도록 도와줍니다.

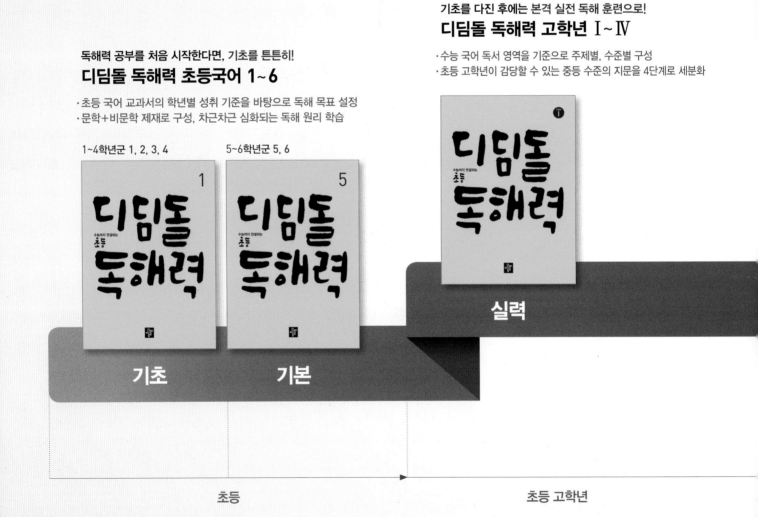

기초를 다진 후에는 본격 실전 독해 훈련으로!
디딤돌 독해력 고학년 Ⅰ~Ⅳ

· 수능 국어 독서 영역을 기준으로 주제별, 수준별 구성
· 초등 고학년이 감당할 수 있는 중등 수준의 지문을 4단계로 세분화

독해력 공부를 처음 시작한다면, 기초를 튼튼히!
디딤돌 독해력 초등국어 1~6

· 초등 국어 교과서의 학년별 성취 기준을 바탕으로 독해 목표 설정
· 문학+비문학 제재로 구성, 차근차근 심화되는 독해 원리 학습

1~4학년군 1, 2, 3, 4   5~6학년군 5, 6

실력

기초   기본

초등   초등 고학년

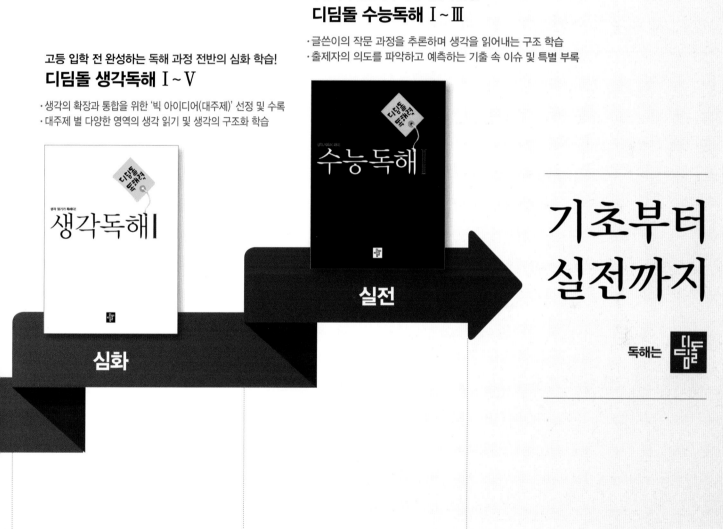

고등 입학 전 완성하는 독해 과정 전반의 심화 학습!
디딤돌 생각독해 Ⅰ ~ Ⅴ
· 생각의 확장과 통합을 위한 '빅 아이디어(대주제)' 선정 및 수록
· 대주제 별 다양한 영역의 생각 읽기 및 생각의 구조화 학습

수능국어 실전대비 독해 학습의 완성!
디딤돌 수능독해 Ⅰ ~ Ⅲ
· 글쓴이의 작문 과정을 추론하며 생각을 읽어내는 구조 학습
· 출제자의 의도를 파악하고 예측하는 기출 속 이슈 및 특별 부록

심화

실전

기초부터 실전까지

독해는 디딤돌

중등

고등(예비고~고2)

상위권의 기준

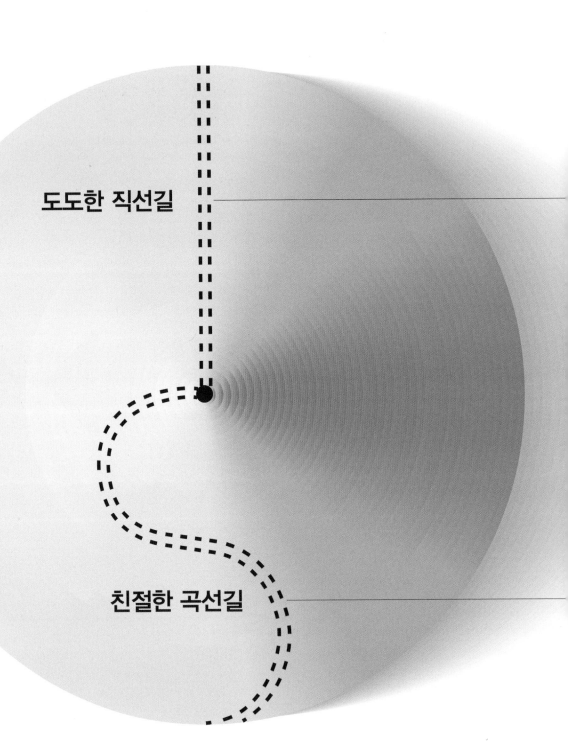

도도한 직선길

친절한 곡선길

상위권의 기준

최상위
수학
S

정답과 풀이

SPEED 정답 체크

1 9까지의 수

BASIC CONCEPT   8~13쪽

1 9까지의 수

1 일곱, 칠   2 ㉢

3 (예)

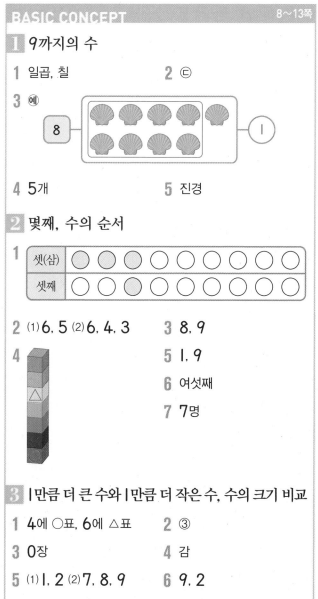

4 5개   5 진경

2 몇째, 수의 순서

1

셋(삼)	⊙ ⊙ ⦿ ○ ○ ○ ○ ○ ○ ○
셋째	○ ○ ⦿ ○ ○ ○ ○ ○ ○ ○

2 (1) 6, 5 (2) 6, 4, 3   3 8, 9

4   5 1, 9

   6 여섯째

                     7 7명

3 1만큼 더 큰 수와 1만큼 더 작은 수, 수의 크기 비교

1 4에 ○표, 6에 △표   2 ③

3 0장   4 감

5 (1) 1, 2 (2) 7, 8, 9   6 9, 2

최상위 _S_   14~27쪽

1   3, 8, 7 / 3, 7, 8, 9 / 3 / 삼

1-1 구   1-2 2개   1-3 영, 아홉   1-4 넷, 삼

2   5 / 5, 6 / 6, 5 / 5

2-1 4   2-2 8   2-3 5

3   준수 / 여섯째

3-1 여섯째   3-2 여덟째 칸   3-3 3명

3-4 6명

4   6, 8 / 6, 8 / 7

4-1 3   4-2 6   4-3 5   4-4 6, 7

5   7 / 7 / 7 / 3 / 3

5-1 1층, 7층   5-2 9층   5-3 2계단   5-4 3층

6   2 / 1 / 7 / 1

6-1 1장   6-2 6자루   6-3 다 상자, 1개

6-4 4개

7   5 / 7 / 5, 7, 6 / 성수

7-1 준호   7-2 은주, 5개

7-3 기호, 지현, 혜진, 성주

MATH MASTER   28~30쪽

1 3개   2 9층   3 3   4 3자루

5 7, 8   6 6명   7 6, 7   8 2계단

9 성빈   10 6가지

2 여러 가지 모양

BASIC CONCEPT   32~35쪽

1 여러 가지 모양 찾기

1 ㉠, ㉢, ㉣   2 ㉡

3  에 ○표   4 (   ) (○) (   )

5 은아   6 3개

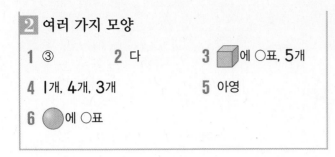

2 여러 가지 모양

1 ③ 2 다 3 에 ○표, 5개

4 1개, 4개, 3개 5 아영

6 에 ○표

MATH MASTER 52~54쪽

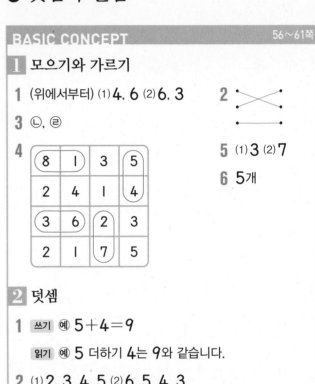

1 예 풀, 음료수 캔 2 ㉡, ㉢ 3 나

4 3개 5 2개 6 나

7 2개 8 승우

9 에 ○표, 보라색

최상위 S 36~51쪽

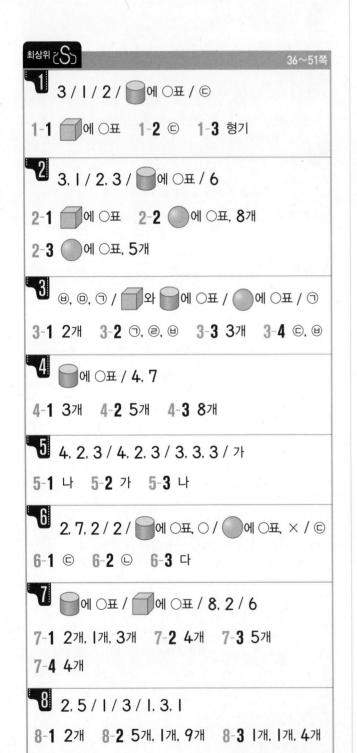

1 3 / 1 / 2 / 에 ○표 / ㉢

1-1 에 ○표 1-2 ㉢ 1-3 형기

2 3, 1 / 2, 3 / 에 ○표 / 6

2-1 에 ○표 2-2 에 ○표, 8개

2-3 에 ○표, 5개

3 ㉥, ㉤, ㉠ / 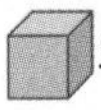와 에 ○표 / 에 ○표 / ㉠

3-1 2개 3-2 ㉠, ㉣, ㉥ 3-3 3개 3-4 ㉢, ㉥

4 에 ○표 / 4, 7

4-1 3개 4-2 5개 4-3 8개

5 4, 2, 3 / 4, 2, 3 / 3, 3, 3 / 가

5-1 나 5-2 가 5-3 나

6 2, 7, 2 / 2 / 에 ○표, ○ / 에 ○표, × / ㉢

6-1 ㉢ 6-2 ㉡ 6-3 다

7 에 ○표 / 에 ○표 / 8, 2 / 6

7-1 2개, 1개, 3개 7-2 4개 7-3 5개

7-4 4개

8 2, 5 / 1 / 3 / 1, 3, 1

8-1 2개 8-2 5개, 1개, 9개 8-3 1개, 1개, 4개

8-4 7개

3 덧셈과 뺄셈

BASIC CONCEPT 56~61쪽

1 모으기와 가르기

1 (위에서부터) (1) 4, 6 (2) 6, 3

2 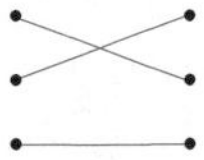

3 ㉡, ㉣

4

8	1	3	5
2	4	1	4
3	6	2	3
2	1	7	5

5 (1) 3 (2) 7

6 5개

2 덧셈

1 쓰기 예 $5+4=9$

읽기 예 5 더하기 4는 9와 같습니다.

2 (1) 2, 3, 4, 5 (2) 6, 5, 4, 3

3 ④ 4 (위에서부터) 1, 4 / 2, 3 / 3, 2 / 4, 1

5 7명 6 (1) 4 (2) 5 (3) 6 (4) 4

3 뺄셈, 0을 더하거나 빼기

1 (1) 3 / 3 (2) 2 / 2

2 (1) 3, 2, 1, 0 (2) 4, 3, 2, 1

3 ①, ③, ④

4 $9-6=3$, $9-3=6$

5 (1) 5 (2) 6 (3) 2 (4) 6

최상위 S 62~77쪽

1 5 / 5, 3, 3

1-1 (왼쪽에서부터) 3, 2　　**1-2** (위에서부터) 6, 3

1-3 2　　**1-4** 3

2 8 / 5, × / 7, ○ / 3, 3

2-1 1̶+2+3=5　　**2-2** 7−2̶−3=4

2-3 3+1̶+4, 4̶+5+2 / 7

2-4 예 2, 4, 6

3 5, 3 / 5, 4 / 5, 4, 9

3-1 예 2, 3, 5　　**3-2** 9, 1, 8　　**3-3** 예 5, 3, 8

3-4 3개

4 8 / 8 / 8, 3 / 3,

4-1 [•]　　**4-2** [• •]　　**4-3** 4　　**4-4** 1, 3

5 8 / 3

5-1 6　　**5-2** 1　　**5-3** 2　　**5-4** 6

6 4 / 4, 2 / 2

6-1 1개　　**6-2** 3장　　**6-3** 2명　　**6-4** 4개

7 6 / 5 / 4 / 6, 5 / 4, 3

7-1 2가지　　**7-2** 3가지

7-3 ② ③ ④ ⑤ ⑥ ⑦ , 9

7-4 예 1, 0 ; 3, 2 ; 5, 4

8 4, 4 / 4, 4, 1 / 4, 1

8-1 2, 1　　**8-2** 3, 7　　**8-3** 1, 4, 3

MATH MASTER 78~80쪽

1 (위에서부터) 2, 3, 7　　**2** 6가지

3 8　　　　　　**4** 7개　　　　**5** 1, 2, 3, 4, 5

6 9　　　　　　**7** 4개　　　　**8** 6자루

9 3　　　　　　**10** 4개

4 비교하기

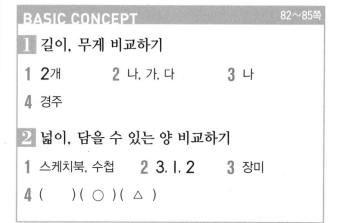

BASIC CONCEPT 82~85쪽

1 길이, 무게 비교하기

1 2개　　　**2** 나, 가, 다　　　**3** 나

4 경주

2 넓이, 담을 수 있는 양 비교하기

1 스케치북, 수첩　　**2** 3, 1, 2　　**3** 장미

4 (　) (○) (△)

최상위 S 86~101쪽

1 깁니다에 ○표 / 다, 가, 나 / 다

1-1 가　　**1-2** 다　　**1-3** 나, 다

2 나 / 나 / 나 / 나

2-1 다　　**2-2** 나, 가, 다　　**2-3** 은주　　**2-4** 다

3 가

3-1 윤지　　**3-2** 나 크기　　**3-3** 가 활동판

3-4 현주, 주예, 은혜

4 배, 감 / 배, 사과, 감

4-1 너구리, 원숭이, 여우

4-2 예 가방, 상자 ; 가방, 양동이　　**4-3** 준하

5  , 5, , 4 / 가

5-1 나　**5-2** 나　**5-3** 다, 가, 나

6 시후, 현주, 혜미 / 시후

6-1 3동　**6-2** 연필　**6-3** 다현

6-4 경수, 아윤, 수호, 주희

7 무겁습니다에 ○표 / 무겁습니다에 ○표 / 오리, 병아리

7-1 로봇　**7-2** 지우개　**7-3** 호박, 무, 배추

7-4 사과

8 다 / 가 / 가, 나 / 다, 가, 나

8-1 나, 가, 다　**8-2** 나, 가, 다　**8-3** 다, 가, 나

8-4 물통

MATH MASTER

1 가위, 풀　**2** 어항　**3** 색칠한 부분

4 영미　**5** ㉡, ㉣　**6** 귤, 키위, 사과

7 한규, 성원, 미주　**8** 혜수

9 3개　**10** 5개

---

5 50까지의 수

BASIC CONCEPT

1 10 알아보기, 십몇

1 / 3

2 1, 5 / 15

3 10 / 8 / ⑩ 4, 7　**4** 6개　**5** ㉢

2 50까지의 수

1 ④　**2** (위에서부터) 5 / 4 / 38, 8

3 ㉢　**4** 3봉지　**5** 24장　**6** 42

3 수의 순서, 두 수의 크기 비교

1 (1) 17, 18, 19　(2) 41, 38, 37

2 (1) 19에 ○표 (2) 23에 ○표　**3** 2개

4 43　**5** 6개　**6** 32

최상위 S

1 1 / 39 / 7 / 46 / 46

1-1 31　**1-2** 40, 49　**1-3** 41

2 38, 39, 40, 41 / 37, 36, 35, 34 / 37, 38, 39 / 6

2-1 20, 21, 22　**2-2** 6개　**2-3** 29

2-4 2

3 25 / 2, 3 / 31 / 31, 25 / 형수

3-1 성규　**3-2** 창수　**3-3** 나 상자, 2권

3-4 해주

4 30 / 3 / 7 / 7

4-1 5개　**4-2** 9개　**4-3** 서주, 2장　**4-4** 2개

5 2 / 2, 2, 2, 4 / 4, 4, 4, 3 / 32

5-1 1, 3, 2　**5-2** 31　**5-3** 25

6 30, 31, 32, 33, 34, 35 / 35, 36

6-1 20　**6-2** 29　**6-3** 19　**6-4** 20, 38

7 1 / 11 / 11 / 11

7-1 13, 22, 31, 40　**7-2** 32　**7-3** 2개

7-4 26

8 3 / 24 / 3, 30, 32, 34 / 6

8-1 10, 12, 13, 20, 21, 23　**8-2** 5개

8-3 6개　**8-4** 12개

MATH MASTER

1 (왼쪽에서부터) 10, 13 **2** 6, 6 / ⑩ 5, 7 **3** 8개

4 47, 38, 35　**5** 1, 2, 3　**6** 6명

7 14개　**8** 3장　**9** 15번

10 초록색　**11** 36

복습책

1 9까지의 수

다시푸는 최상위 S   2~4쪽

1 하나, 일곱 **2** 8 **3** 8명 **4** 7

5 2층 **6** 나 상자, 2개 **7** 지수, 8개

다시푸는 MATH MASTER   5~7쪽

1 4개 **2** 8명 **3** 3 **4** 2개

5 3, 4 **6** 5명 **7** 7, 8 **8** 2계단

9 진규 **10** 5가지

2 여러 가지 모양

다시푸는 최상위 S   8~10쪽

1 미나 **2** 📷에 ○표, 5개 **3** ⓒ, ⓔ

4 3개 **5** 가 **6** 나

7 7개 **8** 5개

다시푸는 MATH MASTER   11~13쪽

1 예 수박, 농구공 **2** ⓒ, ⓔ **3** 다

4 4개 **5** 3개 **6** 다 **7** 0개

8 채웅 **9** 📦에 ○표, 빨간색

3 덧셈과 뺄셈

다시푸는 최상위 S   14~16쪽

1 3 **2** 4+3+2, 5+1+3 / 6

3 2개 **4** 1, 4 **5** 4 **6** 3장

7 1 2 3 5 6 7 , 8 **8** 3, 5, 2

다시푸는 MATH MASTER   17~19쪽

1 (위에서부터) 2, 4, 6 **2** 4가지

3 3 **4** 8개 **5** 1, 2, 3

6 1 **7** 4개 **8** 8개

9 2 **10** 3자루

4 비교하기

다시푸는 최상위 S   20~22쪽

1 가 **2** 나, 가, 다 **3** 유이, 단우, 민수

4 복숭아 **5** 나, 가, 다 **6** 희주

7 파란색 구슬 **8** 다 그릇

다시푸는 MATH MASTER   23~25쪽

1 가, 나 **2** 주전자 **3** ⓙ **4** 주황색

5 ⓙ, ⓒ **6** 우진, 진주, 은서

7 고구마, 감자, 옥수수 **8** 도서관

9 6개 **10** 2개

5 50까지의 수

다시푸는 최상위 S   26~28쪽

1 47 **2** 3 **3** 가 상자, 1개

4 1장 **5** 42 **6** 35

7 43 **8** 5개

다시푸는 MATH MASTER   29~31쪽

1 (왼쪽에서부터) 10, 17 **2** 예 9, 6 / 예 8, 7

3 9개 **4** 11, 15, 27 **5** 1, 2

6 7명 **7** 11권 **8** 5장

9 6번 **10** 사과 **11** 38

1 9까지의 수

1 일곱, 칠

사탕을 세어 보면 하나, 둘, 셋, 넷, 다섯, 여섯, 일곱이므로 **7**입니다.
7은 일곱 또는 칠이라고 읽습니다.

2 ⓒ

㉠, ㉡, ㉣: **5**, ㉢: **6**

3 풀이 참조

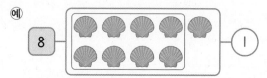

조개를 **8**개 묶고, 묶지 않은 것을 세어 보면 **1**개이므로 **1**입니다.

4 5개

지금까지 꿴 구슬의 수는 **4**개입니다. **4** 다음의 수부터 **9**까지 세어 보면 **5**, **6**, **7**, **8**, **9**이므로 **5**번 더 세어야 합니다.
따라서 구슬을 **5**개 더 꿰어야 합니다.

5 진경

은서: 두 번 → 이 번
희준: 팔 살 → 여덟 살
따라서 수를 바르게 읽은 사람은 진경입니다.

보충 개념
나이를 나타내는 단위에는 '살'과 '세'가 있습니다. '살'로 말할 때에는 하나, 둘, 셋, ...으로 읽고, '세'로 말할 때에는 일, 이, 삼, ...으로 읽습니다.
⑩ 8살 → 여덟 살(○), 팔 살(×), 8세 → 팔 세(○), 여덟 세(×)

1 풀이 참조

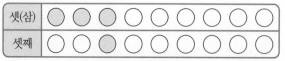

셋은 수를 나타내므로 **3**개를 색칠하고, 셋째는 순서를 나타내므로 셋째에 있는 **1**개에만 색칠합니다.

2 (1) 6, 5 (2) 6, 4, 3

9부터 순서를 거꾸로 하여 수를 써 봅니다.
9 - 8 - 7 - 6 - 5 - 4 - 3 - 2 - 1

3 8, 9

1부터 9까지의 수를 순서대로 쓰면 1, 2, 3, 4, 5, 6, 7, 8, 9입니다.
따라서 7보다 뒤에 놓이는 수는 8, 9입니다.

4

쌓기나무에 순서를 쓰면 오른쪽과 같습니다.
따라서 위에서 일곱째 쌓기나무인 보라색 쌓기나무에 ○표, 아래에서
다섯째 쌓기나무인 노란색 쌓기나무에 △표 합니다.

주의
수의 순서를 정할 때에는 첫째가 되는 기준을 알아야 합니다.

5 1, 9

3	6	1	9	7	4
첫째	둘째	셋째	넷째	다섯째	여섯째

왼쪽에서 둘째와 다섯째 사이에 있는 수는 왼쪽에서 셋째, 넷째에 있는 수이므로 1, 9입니다.

6 여섯째

한수 앞에 있는 5명은 첫째부터 다섯째까지이므로 한수는 앞에서 여섯째에 서 있습니다.

7 7명

영아의 앞과 뒤에 서 있는 사람을 ○로 나타냅니다.
(앞) ○ ○ ○ ○ ● ○ ○ (뒤)
　　　　　　　영아
따라서 줄을 서 있는 사람은 모두 7명입니다.

3 1만큼 더 큰 수와 1만큼 더 작은 수, 수의 크기 비교   12~13쪽

1 4에 ○표, 6에 △표

• 5보다 1만큼 더 작은 수는 4입니다. 따라서 4에 ○표 합니다.
• 5보다 1만큼 더 큰 수는 6입니다. 따라서 6에 △표 합니다.

2 ③

① 3은 4보다 1만큼 더 작은 수입니다.
② 5는 6보다 1만큼 더 작은 수입니다.
③ 7은 6보다 1만큼 더 큰 수입니다.

④ 0은 1보다 1만큼 더 작은 수입니다.
⑤ 2는 3보다 1만큼 더 작은 수입니다.

3 0장

봉투에 들어 있던 색종이를 모두 사용했으므로 남은 색종이는 없습니다.
따라서 남은 색종이는 0장입니다.

4 감

9가 7보다 크므로 바구니에 감이 더 많이 들어 있습니다.

5 (1) 1, 2 (2) 7, 8, 9

(1) 수를 작은 수부터 순서대로 쓸 때 3보다 왼쪽에 있는 수 1, 2는 3보다 작은 수입니다.
(2) 수를 작은 수부터 순서대로 쓸 때 6보다 오른쪽에 있는 수 7, 8, 9는 6보다 큰 수입니다.

6 9, 2

수를 작은 수부터 순서대로 쓰면 2, 4, 5, 9입니다.
따라서 가장 큰 수는 9이고, 가장 작은 수는 2입니다.

수로 나타내어 봅니다.

5	삼	여덟	9	칠
5	↓ 3	↓ 8	9	↓ 7

주어진 수를 작은 수부터 순서대로 써 보면 3, 5, 7, 8, 9이므로
7보다 작은 수는 3, 5입니다.
따라서 나타내는 수가 7보다 작은 것은 5, 삼입니다.

1-1 구

수로 나타내면 하나 → 1, 다섯 → 5, 구 → 9이므로 1, 3, 5, 9 중에서 6보다 큰 수는
9입니다.
따라서 6보다 큰 것은 구입니다.

보충 개념
●보다 큰 수는 수를 작은 수부터 순서대로 놓았을 때 ●보다 오른쪽에 놓인 수입니다.

1-2 2개

수로 나타내면 팔 → 8, 오 → 5, 둘 → 2이므로 8, 4, 5, 7, 2입니다.
주어진 수를 작은 수부터 늘어놓으면 2, 4, 5, 7, 8입니다.
따라서 5보다 작은 수는 2(둘), 4로 모두 2개입니다.

1-3 영, 아홉

수로 나타내면 셋 → 3, 아홉 → 9, 여덟 → 8, 영 → 0이므로 3, 9, 4, 8, 0입니다.

주어진 수를 작은 수부터 늘어놓으면 0, 3, 4, 8, 9입니다.

따라서 가장 작은 수는 0(영)이고, 가장 큰 수는 9(아홉)입니다.

1-4 넷, 삼

수로 나타내면 넷 → 4, 둘 → 2, 삼 → 3, 하나 → 1, 육 → 6, 일곱 → 7이므로 4, 2, 3, 1, 6, 7입니다.

주어진 수를 작은 수부터 늘어놓으면 1, 2, 3, 4, 6, 7이므로 2보다 큰 수는 ③, ④, 6, 7이고 6보다 작은 수는 1, 2, ③, ④입니다.

따라서 2보다 크고 6보다 작은 수는 4(넷), 3(삼)입니다.

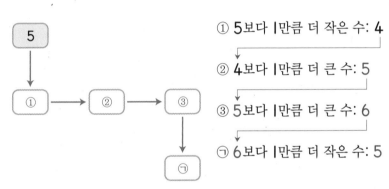

따라서 ㉠에 알맞은 수는 5입니다.

2-1 4

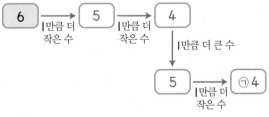

규칙 에 따라 빈칸에 알맞은 수를 써넣으면 ㉠에 알맞은 수는 4입니다.

2-2 8

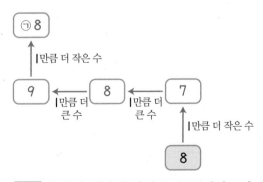

규칙 에 따라 빈칸에 알맞은 수를 써넣으면 ㉠에 알맞은 수는 8입니다.

2-3 5

ㄹ보다 1만큼 더 작은 수는 3이므로 ㄹ=4,

ㄷ보다 1만큼 더 작은 수는 4이므로 ㄷ=5,

ㄴ보다 1만큼 더 큰 수는 5이므로 ㄴ=4,

ㄱ보다 1만큼 더 작은 수는 4이므로 ㄱ=5입니다.

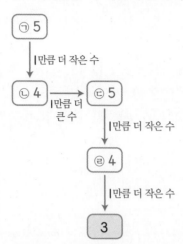

따라서 ㄱ에 알맞은 수는 5입니다.

대표문제 3

혜진이가 달리고 있는 위치를 그림을 그려 나타낸 후, 준수가 달리고 있는 위치를 찾아
봅니다.

| | 첫째 | 둘째 | 셋째 | 넷째 | | | | | |
| (앞) | ○ | ○ | ● | ○ | ○ | ○ | ○ | ○ | (뒤) |

준수 혜진
여섯째 다섯째 넷째 셋째 둘째 첫째

따라서 준수는 뒤에서 여섯째로 달리고 있습니다.

3-1 여섯째

상황을 그림으로 나타내 봅니다.

| | 첫째 | 둘째 | | | | | | |
| (앞) | ○ | ● | ○ | ○ | ○ | ○ | ○ | (뒤) |

민하
여섯째 다섯째 넷째 셋째 둘째 첫째

따라서 민하는 뒤에서 여섯째에 서 있습니다.

3-2 여덟째 칸

상황을 그림으로 나타내 봅니다.

| | | | | | | | 셋째 | 둘째 | 첫째 | |
| (앞) | ○ | ○ | ○ | ○ | ○ | ○ | ○ | ● | ○ | (뒤) |

시호 호수
첫째 둘째 셋째 넷째 다섯째 여섯째 일곱째 여덟째

따라서 호수는 앞에서 여덟째 칸에 타고 있습니다.

3-3 3명

상황을 그림으로 나타내 봅니다.

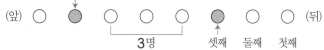

뒤에서 셋째에 서 있는 학생은 앞에서 여섯째에 서 있는 것입니다.

따라서 앞에서 둘째와 여섯째에 서 있는 학생 사이에는 셋째, 넷째, 다섯째 학생이 있으므로 모두 **3**명의 학생이 서 있습니다.

3-4 6명

상황을 그림으로 나타내 봅니다.

따라서 줄을 서 있는 사람은 모두 **6**명입니다.

20~21쪽

●를 제외하고 수 카드를 작은 수부터 늘어놓으면 다음과 같습니다.

따라서 ●에 알맞은 수는 **7**입니다.

4-1 3

▲를 제외하고 수 카드를 작은 수부터 늘어놓으면 2, 4, 5입니다.

연속하는 수가 되려면 ▲는 2와 4 사이에 놓여야 합니다. ➡ 2, ▲, 4, 5

따라서 ▲에 알맞은 수는 **3**입니다.

4-2 6

■를 제외하고 수 카드를 작은 수부터 늘어놓으면 3, 4, 5, 7입니다.

연속하는 수가 되려면 ■는 5와 7 사이에 놓여야 합니다. ➡ 3, 4, 5, ■, 7

따라서 ■에 알맞은 수는 **6**입니다.

4-3 5

◆를 제외하고 수 카드를 작은 수부터 늘어놓으면 2, 3, 4, 6, 7입니다.

연속하는 수가 되려면 ◆는 4와 6 사이에 놓여야 합니다.

2, 3, 4, ◆, 6, 7이므로 ◆에 알맞은 수는 5입니다.

따라서 오른쪽에서 셋째에 있는 수는 **5**입니다.

4-4 6, 7

★과 ♥를 제외하고 수 카드를 작은 수부터 늘어놓으면 4, 6, 7, 9입니다.

★은 ♥보다 작은 수이므로 연속하는 수가 되려면 ★은 4와 6 사이에 놓이고, ♥는 7과 9 사이에 놓여야 합니다. ➡ 4, ★, 6, 7, ♥, 9

따라서 왼쪽에서 둘째에 있는 수는 ★이고, 다섯째에 있는 수는 ♥이므로 ★과 ♥ 사이에 있는 수는 6, 7입니다.

영화관의 위치를 그림을 그려 나타낸 후, 서점과 마트의 위치를 찾아봅니다.

5보다 2만큼 더 큰 수는 5, 6, 7에서 7입니다.
➡ 서점은 7층입니다.

7보다 4만큼 더 작은 수는 7, 6, 5, 4, 3에서 3입니다.
➡ 마트는 3층입니다.

5-1 1층, 7층

6보다 5만큼 더 작은 수는 6, 5, 4, 3, 2, 1에서 1이므로 진규네 집은 1층입니다.

6보다 1만큼 더 큰 수는 7이므로 윤서네 집은 7층입니다.

서술형 **5-2** 9층

예 7보다 3만큼 더 작은 수는 7, 6, 5, 4에서 4이므로 약국은 4층입니다.

4보다 5만큼 더 큰 수는 4, 5, 6, 7, 8, 9에서 9입니다.

따라서 미용실은 9층입니다.

채점 기준	배점
약국의 층수를 구했나요?	2점
미용실의 층수를 구했나요?	3점

5-3 2계단

6보다 3만큼 더 큰 수는 6, 7, 8, 9에서 9이므로 지혜는 아홉째 계단에 서 있습니다.

9보다 5만큼 더 작은 수는 9, 8, 7, 6, 5, 4에서 4이므로 동민이는 넷째 계단에 서 있습니다.

따라서 6보다 2만큼 더 작은 수는 6, 5, 4에서 4이므로 동민이는 태호보다 2계단 아래에 서 있습니다.

5-4 3층

주하의 위치를 그림을 그려 나타낸 후, 다른 친구들의 위치를 찾아봅니다.

• 주하보다 위층에 세 사람이 서 있으므로 주하는 1층에 서 있습니다.

• 건호는 주하보다 3층 위에 서 있으므로 1보다 3만큼 더 큰 수인 4층에 서 있습니다.

• 진수는 건호보다 2층 아래에 서 있으므로 4보다 2만큼 더 작은 수인 2층에 서 있습니다.

따라서 유나는 3층에 서 있습니다.

사탕을 ○로 하여 그림으로 나타낸 후, 하나씩 짝을 지어 봅니다.

지우: ○ ○ ○ ○ ○ ○
은서: ○ ○ ○ ○ ○ ○ ○ ○   ➡   지우: ○ ○ ○ ○ ○ ○ ⟨○⟩
은서: ○ ○ ○ ○ ○ ○ ○ ○

하나씩 짝을 지으면 은서의 사탕이 2개 남습니다.

은서가 지우에게 사탕 1개를 주면 두 사람이 가지고 있는 사탕의 수는 7개로 같아집니다.

따라서 은서는 지우에게 사탕 1개를 주어야 합니다.

6-1 1장

혁수: ○ ○ ○ ○ ○ ○ ○
주호: ○ ○ ○ ○ ○ ⟨○⟩

하나씩 짝을 지으면 혁수의 딱지가 2장 남습니다.

따라서 혁수가 주호에게 딱지 1장을 주면 두 사람이 가지고 있는 딱지는 6장으로 같아집니다.

다른 풀이

7보다 1만큼 더 작은 수와 5보다 1만큼 더 큰 수는 6으로 같습니다.

따라서 혁수가 주호에게 딱지를 1장 주면 두 사람이 가지고 있는 딱지 수는 6장으로 같아집니다.

6-2 6자루

진아: ○ ○ ○ ○ ⟨○⟩ ⟨○⟩
아영: ○ ○ ○ ○ ○ ○ ○ ○

하나씩 짝을 지으면 아영이의 연필이 4자루 남습니다.

따라서 아영이가 진아에게 연필 2자루를 주면 두 사람이 가지고 있는 연필은 6자루로 같아집니다.

다른 풀이

4보다 2만큼 더 큰 수와 8보다 2만큼 더 작은 수는 6으로 같습니다.

따라서 아영이가 진아에게 연필을 2자루 주면 두 사람이 가지고 있는 연필은 6자루로 같아집니다.

6-3 다 상자, 1개

공 1개를 옮기면 한 상자는 공이 1개 늘어나고, 다른 한 상자는 공이 1개 줄어들어 2개의 차이가 생기므로 공의 수의 차이가 2만큼 나는 상자를 찾아보면 나 상자와 다 상자입니다.

가 상자: ○ ○ ○

나 상자: ○ ○ ⟨○⟩

다 상자: ○ ○ ○ ○

따라서 다 상자에서 나 상자로 공을 1개 옮기면 세 상자에 담긴 공의 수는 3개로 모두 같아집니다.

6-4 4개

준희가 민호에게 초콜릿 1개를 주면 두 사람이 가지고 있는 초콜릿의 수가 같아지므로 준희는 민호보다 초콜릿을 2개 더 많이 가지고 있습니다.

따라서 민호가 준희에게 초콜릿 1개를 더 준다면 처음 2개의 차이에서 2개의 차이가 더 나게 되므로 준희는 민호보다 초콜릿을 4개 더 가지게 됩니다.

보충 개념

초콜릿 1개를 주면 받은 사람은 초콜릿이 1개 늘어나고, 준 사람은 초콜릿이 1개 줄어들어 2개의 차이가 생깁니다.

다현이가 가진 사탕의 수는 7보다 2만큼 더 작은 수이므로 7, 6, 5에서 5개입니다.

성수가 가진 사탕의 수는 6보다 1만큼 더 큰 수인 7개입니다.

서현이가 가진 사탕은 5개보다 많고 7개보다 적으므로 6개입니다.

따라서 5<6<7이므로 사탕을 가장 많이 가지고 있는 학생은 성수입니다.

7-1 준호

• 준호가 딴 토마토의 수는 5보다 3만큼 더 큰 수이므로 5, 6, 7, 8에서 8개입니다.

• 석희가 딴 토마토의 수는 8보다 4만큼 더 작은 수이므로 8, 7, 6, 5, 4에서 4개입니다.

• 진수가 딴 토마토의 수는 4보다 2만큼 더 큰 수이므로 4, 5, 6에서 6개입니다.

따라서 4<6<8이므로 토마토를 가장 많이 딴 학생은 준호입니다.

7-2 은주, 5개

• 건우가 접은 종이배의 수는 8보다 2만큼 더 작은 수이므로 8, 7, 6에서 6개입니다.

• 은주가 접은 종이배의 수는 6보다 1만큼 더 작은 수인 5개입니다.

• 현아가 접은 종이배의 수는 5보다 3만큼 더 큰 수이므로 5, 6, 7, 8에서 8개입니다.

따라서 5<6<8이므로 종이배를 가장 적게 접은 학생은 은주이고 접은 종이배는 5개입니다.

7-3 기호, 지현, 혜진, 성주

• 지현이는 7보다 1만큼 더 큰 수인 8개를 가지고 있습니다.

• 성주는 8보다 2만큼 더 작은 수인 6개를 가지고 있습니다.

• 혜진이는 6개보다 많고 8개보다 적게 가지고 있으므로 7개를 가지고 있습니다.

• 기호가 혜진이에게 1개 주면 혜진이는 귤이 8개가 되고, 두 사람이 가지고 있는 귤의 수는 같아지므로 기호는 8보다 1만큼 더 큰 수인 9개를 가지고 있습니다.

따라서 9>8>7>6이므로 귤을 많이 가진 순서대로 이름을 쓰면 기호, 지현, 혜진, 성주입니다.

1 3개

검은 바둑돌의 수는 흰 바둑돌의 수보다 1만큼 더 작은 수이므로 흰 바둑돌이 검은 바둑돌보다 1개 더 많습니다.

바둑돌 5개를 왼쪽 그림과 같이 나누면 검은 바둑돌은 2개, 흰 바둑돌은 3개이므로 흰 바둑돌은 3개입니다.

2 9층

상황을 그림으로 나타내 봅니다.

(위) ○
○
◉ ←리아네 집
○
○
○
○
○
(아래) ○

따라서 리아가 살고 있는 아파트는 9층까지 있습니다.

3 3

⑩ 수 카드를 작은 수부터 순서대로 늘어놓으면 1, 3, 4, 5, 6입니다.
따라서 오른쪽에서 넷째에 놓이는 수는 3입니다.

채점 기준	배점
수 카드를 작은 수부터 순서대로 늘어놓았나요?	3점
오른쪽에서 넷째에 놓이는 수를 구했나요?	2점

4 3자루

혜서: ○ ○ ○ ○ ○ ○ ○ ○
인수: ○ ○ ○ ○ ○

하나씩 짝을 지으면 혜서의 색연필이 6자루 남습니다.
따라서 혜서는 인수에게 6자루의 반인 3자루를 주어야 합니다.

5 7, 8

3부터 9까지의 수를 순서대로 쓰면 ③, 4, 5, 6, 7, 8, ⑨이므로 3과 9 사이에 있는 수는 4, 5, 6, 7, 8입니다.

사이의 수

4, 5, 6, 7, 8 중에서 6보다 큰 수는 6보다 오른쪽에 놓이는 수이므로 7, 8입니다.
따라서 두 조건을 만족하는 수는 7, 8입니다.

주의
3과 9 사이의 수에 3과 9는 포함되지 않습니다.

6 6명

상황을 그림으로 나타내 봅니다.

(앞) ○ ○ ○ ○ ● ○ ○ ○ (뒤)
　　　　　　　　희서

(앞) ○ ● ○ ○ ○ ○ ○ ○ (뒤)
　　희서

따라서 희서 뒤에서 달리는 학생은 6명입니다.

7 6, 7

□은(는) 5보다 큽니다. ➡ □ 안에 들어갈 수 있는 수는 ⑥, ⑦, 8, 9입니다.

□은(는) 8보다 작습니다. ➡ □ 안에 들어갈 수 있는 수는 1, 2, 3, 4, 5, ⑥, ⑦입니다.

따라서 □ 안에 공통으로 들어갈 수 있는 수는 6, 7입니다.

8 2계단

혜수가 2번 이기고 1번 졌으므로 올라간 계단 수는 3 → 3 → 1에서 7계단입니다.

민규는 2번 지고 1번 이겼으므로 올라간 계단 수는 1 → 1 → 3에서 5계단입니다.

따라서 5, 6, 7이므로 혜수는 민규보다 2계단 위에 있습니다.

9 성빈

조건에 맞게 서 있는 순서대로 이름을 쓰면 다음과 같습니다.

(앞) 예린　건호　준영　성빈　상희 (뒤)

따라서 뒤에서 둘째에 서 있는 학생은 성빈이입니다.

10 6가지

1이 빠지는 경우: (2, 3, 4, 5, 6)
2가 빠지는 경우: (1, 3, 4, 5, 6)
3이 빠지는 경우: (1, 2, 4, 5, 6)
4가 빠지는 경우: (1, 2, 3, 5, 6)
5가 빠지는 경우: (1, 2, 3, 4, 6)
6이 빠지는 경우: (1, 2, 3, 4, 5)
따라서 모두 6가지입니다.

2 여러 가지 모양

1 여러 가지 모양 찾기

32~33쪽

1 ㉠, ㉢, ㉣

㉠ 과자 상자, ㉢ 지우개, ㉣ 휴지 상자는 📦 모양, ㉡ 음료수 캔은 🥫 모양,

㉤ 농구공은 ⚪ 모양입니다.

따라서 📦 모양은 ㉠, ㉢, ㉣입니다.

학부모 지도 가이드

같은 모양이라고 해서 모양, 색, 크기 등이 같은 합동인 모양을 생각하는 것이 아니라 모양에만 초점을 두고 분류할 수 있도록 지도해 주세요.

---

2 ㉡

㉠ 작은북은 🛢 모양, ㉡ 물놀이 공은 ⚪ 모양, ㉢ 필통은 📦 모양이므로 왼쪽 모양과 같은 모양의 물건은 ㉡입니다.

3 🛢에 ○표

📦 모양: 큐브, 우유갑 → 2개
🛢 모양: 나무 도막, 초, 휴지 → 3개
⚪ 모양: 야구공 → 1개
따라서 같은 모양이 3개 있는 모양은 🛢 모양입니다.

4 ( )(○)( )

뾰족한 부분이 없고 눕히면 잘 굴러가는 모양은 🛢 모양입니다.
골프공은 ⚪ 모양, 컵은 🛢 모양, 전자레인지는 📦 모양이므로 컵에 ○표 합니다.

5 은아

📦 모양과 🛢 모양은 평평한 부분이 있으므로 무너지지 않게 쌓을 수 있지만 ⚪ 모양은 평평한 부분이 없으므로 무너지지 않게 쌓을 수 없습니다.
따라서 무너지지 않게 쌓을 수 있는 사람은 은아입니다.

6 3개

평평한 부분이 6개인 모양은 📦 모양입니다.
📦 모양은 선물 상자, 벽돌, 쌓기나무로 3개입니다.

---

2 여러 가지 모양

1 ③

작은북, 초, 나무 도막, 딱풀은 🛢 모양, 멜론은 ⚪ 모양입니다.
따라서 모양이 다른 하나는 ③입니다.

2 다

가는 🛢 모양과 📦 모양을 모았고, 나는 ⚪ 모양과 🛢 모양을 모았고, 다는 📦 모양을 모았습니다.
따라서 물건을 같은 모양끼리 모은 것은 다입니다.

3 📦에 ○표, 5개

📦 모양을 5개 이용하여 만든 모양입니다.

학부모 지도 가이드

📦, 🛢, ⚪ 모양을 이용하여 만들기를 할 때 각각의 모양을 재료의 성질에 따라 풀, 양면테이프, 이쑤시개 등을 적절하게 이용하여 붙일 수 있습니다.

---

4 1개, 4개, 3개

📦 모양 1개, 🛢 모양 4개, ⚪ 모양 3개를 이용하여 만든 모양입니다.

5 아영

왼쪽 모양은 ▨ 모양 2개, ◫ 모양 3개, ◯ 모양 2개입니다.

아영이는 ▨ 모양 2개, ◫ 모양 3개, ◯ 모양 2개로 만들고, 진서는 ▨ 모양 3개,

◫ 모양 2개, ◯ 모양 2개로 만들었습니다.

따라서 왼쪽 모양을 모두 이용하여 모양을 만든 사람은 아영이입니다.

6 ◯에 ○표

▨, ◫, ◯ 모양이 반복되는 규칙입니다.

따라서 빈칸에 들어갈 모양은 ◯ 모양입니다.

각 모양의 개수를 세어 봅니다.

▨ 모양: 휴지 상자, 필통, 주사위 ➡ 3개

◫ 모양: 나무 도막 ➡ 1개

◯ 모양: 야구공, 농구공 ➡ 2개

➡ 가장 적은 모양은 (▨ , ◫ , ◯) 모양입니다.

따라서 바르게 설명한 것은 ㉢입니다.

1-1 ▨에 ○표

▨ 모양: 쌓기나무, 책, 지우개 ➡ 3개

◫ 모양: 음료수 캔, 초 ➡ 2개

◯ 모양: 수박 ➡ 1개

따라서 3, 2, 1 중 가장 큰 수가 3이므로 가장 많은 모양은 ▨ 모양입니다.

1-2 ㉢

▨ 모양: 우유갑, 큐브 ➡ 2개

◫ 모양: 통조림 캔, 도장, 작은북 ➡ 3개

◯ 모양: 구슬 ➡ 1개

2, 3, 1 중 가장 작은 수가 1이므로 가장 적은 모양은 ◯ 모양입니다.

따라서 잘못 설명한 것은 ㉢입니다.

1-3 형기

가 ➡ ▨ 모양: 2개, ◫ 모양: 3개, ◯ 모양: 1개

나 ➡ ▨ 모양: 1개, ◫ 모양: 2개, ◯ 모양: 3개

• 지수: 2가 1보다 크므로 ▨ 모양은 나보다 가에 더 많습니다.

• 형기: 3이 1보다 크므로 ◯ 모양은 가보다 나에 더 많습니다.

따라서 바르게 설명한 사람은 형기입니다.

가는 ⬤ 모양을 3개, ⬤ 모양을 1개 이용했습니다.

나는 ⬛ 모양을 2개, ⬤ 모양을 3개 이용했습니다.

따라서 두 모양을 만드는 데 공통으로 이용한 모양은 (⬛ , ⬤̄ , ⬤) 모양이고, 모두 **6**개를 이용했습니다.

2-1 ⬛에 ○표

왼쪽 모양은 ⬛ 모양과 ⬤ 모양을 이용했고, 오른쪽 모양은 ⬛ 모양과 ⬤ 모양을 이용했습니다.

따라서 두 모양을 만드는 데 공통으로 이용한 모양은 ⬛ 모양입니다.

2-2 ⬤에 ○표, 8개

왼쪽 모양 ➡ ⬛ 모양: 5개, ⬤ 모양: 6개

오른쪽 모양 ➡ ⬛ 모양: 7개, ⬤ 모양: 2개

따라서 두 모양을 만드는 데 공통으로 이용한 모양은 ⬤ 모양이고, 모두 **8**개를 이용했습니다.

2-3 ⬤에 ○표, 5개

왼쪽 모양 ➡ ⬛ 모양: 4개, ⬤ 모양: 4개

오른쪽 모양 ➡ ⬛ 모양: 3개, ⬤ 모양: 2개, ⬤ 모양: 5개

따라서 두 모양을 만드는 데 공통으로 이용하지 않은 모양은 ⬤ 모양이고, **5**개를 이용했습니다.

⬛ 모양은 ㉢, ㉤이고, ⬤ 모양은 ㉡, ㉣, ㉥이고, ⬤ 모양은 ㉠입니다.

평평한 부분이 있는 모양은 (⬛̄ , ⬤̄ , ⬤) 모양이고,

평평한 부분이 없는 모양은 (⬛ , ⬤ , ⬤̄) 모양입니다.

따라서 평평한 부분이 없는 것은 ㉠입니다.

3-1 2개

모든 부분이 둥근 모양은 ⬤ 모양입니다.

⬤ 모양의 물건은 물놀이 공, 테니스공으로 모두 **2**개입니다.

3-2 ㉠, ㉣, ㉥

잘 굴러가는 것은 ⬤ 모양, ⬤ 모양이고 잘 굴러가지 않는 것은 ⬛ 모양입니다.

따라서 잘 굴러가지 않는 것은 ㉠, ㉣, ㉥입니다.

보충 개념

⬛ 모양은 ㉠, ㉣, ㉥, ⬤ 모양은 ㉢, ㉥, ⬤ 모양은 ㉡입니다.

3-3 3개

쌓을 수도 있고 굴릴 수도 있는 모양은 평평한 부분과 둥근 부분이 있는 🔵 모양입니다.
따라서 🔵 모양은 작은북, 나무 도막, 음료수 캔으로 모두 3개입니다.

3-4 ㉢, ㉺

색칠된 부분은 평평한 부분이 있는 모양 중 둥근 부분이 없는 모양입니다.
평평한 부분이 있는 모양은 ⬛ 모양, 🔵 모양이고, 이 중에서 둥근 부분이 없는 모양은 ⬛ 모양입니다.
따라서 색칠된 부분에 들어갈 수 있는 물건은 ㉢, ㉺입니다.

42~43쪽

대표문제 4

오른쪽 모양은 평평한 부분과 둥근 부분이 있으므로 (⬛ , 🔵 , ⚪) 모양입니다.
따라서 이용한 🔵 모양의 개수를 세어 보면
왼쪽 모양은 3개이고, 오른쪽 모양은 4개이므로 모두 7개입니다.

4-1 3개

오른쪽 모양은 뾰족한 부분과 평평한 부분이 있으므로 ⬛ 모양입니다.
따라서 이용한 ⬛ 모양의 개수를 세어 보면 3개입니다.

서술형 4-2 5개

㉲ 오른쪽 모양은 모든 부분이 다 둥근 모양인 ⚪ 모양입니다. 따라서 이용한 ⚪ 모양의 개수를 세어 보면 왼쪽 모양은 3개이고, 오른쪽 모양은 2개이므로 모두 5개입니다.

채점 기준	배점
일부분의 모양이 오른쪽과 같은 모양을 알고 있나요?	2점
두 모양을 만드는 데 오른쪽과 같은 모양은 모두 몇 개 이용했는지 구했나요?	3점

4-3 8개

위에서 보았을 때 ⚫ 모양, 옆에서 보았을 때 ⬛ 모양으로 보이는 모양은 🔵 모양입니다.
따라서 오른쪽 모양을 만드는 데 이용한 🔵 모양을 세어 보면 8개입니다.

보충 개념

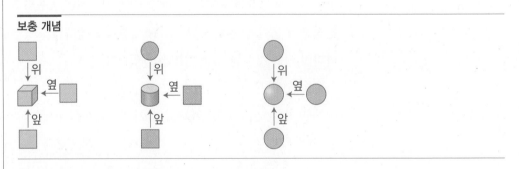

44~45쪽

대표문제 5

왼쪽 모양 ➡ ⬛ 모양: 4개, 🔵 모양: 2개, ⚪ 모양: 3개
가 ➡ ⬛ 모양: 4개, 🔵 모양: 2개, ⚪ 모양: 3개

나 ➡ 🔲 모양: 3개, 🥫 모양: 3개, ⚪ 모양: 3개

따라서 왼쪽 모양을 만들 수 있는 것은 가입니다.

5-1 나

왼쪽 모양 ➡ 🔲 모양: 3개, 🥫 모양: 1개, ⚪ 모양: 4개

가 ➡ 🔲 모양: 4개, 🥫 모양: 0개, ⚪ 모양: 4개

나 ➡ 🔲 모양: 3개, 🥫 모양: 1개, ⚪ 모양: 4개

따라서 왼쪽 모양을 만들 수 있는 것은 나입니다.

5-2 가

왼쪽 모양 ➡ 🔲 모양: 2개, 🥫 모양: 4개, ⚪ 모양: 1개

가 ➡ 🔲 모양: 2개, 🥫 모양: 4개, ⚪ 모양: 1개

나 ➡ 🔲 모양: 3개, 🥫 모양: 3개, ⚪ 모양: 1개

따라서 왼쪽 모양을 만들 수 있는 것은 가입니다.

5-3 나

왼쪽 모양 ➡ 🔲 모양: 1개, 🥫 모양: 4개, ⚪ 모양: 5개

가 ➡ 🔲 모양: 2개, 🥫 모양: 3개, ⚪ 모양: 5개

나 ➡ 🔲 모양: 1개, 🥫 모양: 4개, ⚪ 모양: 5개

따라서 왼쪽 모양을 만드는 데 이용한 모든 모양을 이용하여 만든 모양은 나입니다.

ⓘ 이용한 모양의 개수를 각각 세어 보면

🔲 모양: 2개, 🥫 모양: 7개, ⚪ 모양: 2개입니다.

➡ 🔲 모양과 ⚪ 모양은 각각 2개이므로 두 모양의 개수는 같습니다. (○)

ⓛ 가장 아래에 있는 모양은 (🔲 , ⬭ , ⚪) 모양으로 눕히면 잘 굴러갑니다. (○)

ⓒ 가장 위에 있는 모양은 (🔲 , 🥫 , ⬭) 모양으로 잘 쌓을 수 있습니다. (×)

따라서 잘못 설명한 것은 ⓒ입니다.

6-1 ⓒ

이용한 각 모양의 개수 ➡ 🔲 모양: 3개, 🥫 모양: 4개, ⚪ 모양: 1개

ⓘ 🔲 모양은 3개, 🥫 모양은 4개 이용하였으므로 🥫 모양을 더 많이 이용했습니다.

ⓛ 가장 적게 이용한 모양은 ⚪ 모양이므로 뾰족한 부분이 없습니다.

ⓒ 가장 아래에 있는 모양은 🥫 모양이므로 눕히면 잘 굴러갑니다.

따라서 바르게 설명한 것은 ⓒ입니다.

6-2 ⓛ

이용한 각 모양의 개수 ➡ 🔲 모양: 2개, 🥫 모양: 6개, ⚪ 모양: 4개

ⓘ 가장 위에 있는 모양은 🥫 모양이므로 평평한 부분이 있습니다.

ⓒ 가장 아래에 있는 모양은 모양이므로 어느 방향으로도 잘 굴러가지 않습니다.

ⓒ 가장 적게 이용한 모양은 ▥ 모양이므로 뾰족한 부분이 있습니다.

따라서 잘못 설명한 것은 ⓒ입니다.

6-3 다

뾰족한 부분이 있는 모양은 ▥ 모양, 눕히면 잘 굴러가는 모양은 ▤ 모양, 어느 방향에서 봐도 둥근 부분만 있는 모양은 ● 모양입니다.

따라서 설명대로 만든 모양은 다입니다.

48~49쪽

대표문제 7

평평한 부분이 2개인 모양은 (▥ , ⬭ , ●) 모양이고,

평평한 부분이 6개인 모양은 (▥ , ▤ , ●) 모양입니다.

따라서 ▤ 모양은 8개, ▥ 모양은 2개이므로

▤ 모양은 ▥ 모양보다 6개 더 많습니다.

7-1 2개, 1개, 3개

평평한 부분이 0개인 모양은 ● 모양, 평평한 부분이 2개인 모양은 ▤ 모양, 평평한 부분이 6개인 모양은 ▥ 모양입니다.

따라서 ● 모양은 2개, ▤ 모양은 1개, ▥ 모양은 3개입니다.

서술형 7-2 4개

ᄅ 평평한 부분이 없는 모양은 ● 모양이고, 평평한 부분이 2개인 모양은 ▤ 모양입니다.

따라서 ● 모양은 2개, ▤ 모양은 6개이므로 ● 모양은 ▤ 모양보다 4개 더 적습니다.

채점 기준	배점
평평한 부분이 없는 모양과 평평한 부분이 2개인 모양을 각각 알고 있나요?	3점
평평한 부분이 없는 모양은 평평한 부분이 2개인 모양보다 몇 개 더 적은지 구했나요?	2점

7-3 5개

평평한 부분이 있는 모양은 ▥ 모양과 ▤ 모양이고, 평평한 부분이 없는 모양은 ● 모양입니다.

따라서 ▥ 모양은 3개, ▤ 모양은 2개이므로 평평한 부분이 있는 모양은 모두 5개입니다.

7-4 4개

뾰족한 부분이 없는 모양은 ▤ 모양과 ● 모양이고, 뾰족한 부분이 있는 모양은 ▥ 모양입니다.

▥ 모양은 5개, ▤ 모양은 8개, ● 모양은 1개이므로 뾰족한 부분이 없는 모양은 9개, 뾰족한 부분이 있는 모양은 5개입니다.

따라서 뾰족한 부분이 없는 모양은 뾰족한 부분이 있는 모양보다 4개 더 많습니다.

대표문제 8

오른쪽 모양을 만들려면 ▨ 모양은 2개, ⬭ 모양은 5개, ◯ 모양은 1개 필요합니다.
▨ 모양은 1개 부족하므로 가지고 있는 ▨ 모양은 2보다 1만큼 더 작은 1개입니다.
⬭ 모양은 2개 부족하므로 가지고 있는 ⬭ 모양은 5보다 2만큼 더 작은 3개입니다.
따라서 가지고 있는 ▨ 모양은 1개, ⬭ 모양은 3개, ◯ 모양은 1개입니다.

8-1 2개

오른쪽 모양을 만들려면 ⬭ 모양은 3개 필요합니다.
따라서 가지고 있는 ⬭ 모양은 3보다 1만큼 더 작은 2개입니다.

8-2 5개, 1개, 9개

오른쪽 모양을 만들려면 ▨ 모양은 4개, ⬭ 모양은 1개, ◯ 모양은 7개 필요합니다.
가지고 있는 모양은 ▨ 모양이 1개 남았으므로 ▨ 모양은 4보다 1만큼 더 큰 5개,
◯ 모양이 2개 남았으므로 ◯ 모양은 7보다 2만큼 더 큰 9개입니다.
따라서 가지고 있는 ▨ 모양은 5개, ⬭ 모양은 1개, ◯ 모양은 9개입니다.

8-3 1개, 1개, 4개

오른쪽 모양을 만들려면 ▨ 모양은 1개, ⬭ 모양은 3개, ◯ 모양은 3개 필요합니다.
가지고 있는 모양은 ⬭ 모양이 2개 부족하므로 ⬭ 모양은 3보다 2만큼 더 작은 1개,
◯ 모양이 1개 남았으므로 ◯ 모양은 3보다 1만큼 더 큰 4개입니다.
따라서 가지고 있는 ▨ 모양은 1개, ⬭ 모양은 1개, ◯ 모양은 4개입니다.

8-4 7개

오른쪽 모양을 만들려면 ▨ 모양은 1개, ⬭ 모양은 5개, ◯ 모양은 5개 필요합니다.
가지고 있는 모양은 ▨ 모양이 6개 남았으므로 ▨ 모양은 1보다 6만큼 더 큰 7개,
◯ 모양이 1개 남았으므로 ◯ 모양은 5보다 1만큼 더 큰 6개입니다.
따라서 가지고 있는 ▨ 모양은 7개, ⬭ 모양은 5개, ◯ 모양은 6개이므로 가장 많은 모양은 ▨ 모양으로 7개입니다.

MATH MASTER

1 예 풀, 음료수 캔

야구공, 털실 뭉치는 ◯ 모양이고, 과자 상자, 서랍장, 주사위는 ▨ 모양이므로 없는 모양은 ⬭ 모양입니다.
⬭ 모양의 물건은 풀, 음료수 캔, 케이크, 초 등입니다.

2 ⓛ, ⓒ

주어진 모양은 ⬭ 모양입니다. ⬭ 모양은 평평한 부분과 둥근 부분이 있어서 잘 쌓을 수 있고 눕히면 잘 굴러갑니다. 따라서 바르게 설명한 것은 ⓛ, ⓒ입니다.

3 나

가 ➡ ⬛ 모양: 2개, 🥫 모양: 4개, ⚪ 모양: 3개

나 ➡ ⬛ 모양: 2개, 🥫 모양: 2개, ⚪ 모양: 4개

다 ➡ ⬛ 모양: 2개, 🥫 모양: 2개, ⚪ 모양: 5개

따라서 ⬛ 모양 2개, 🥫 모양 2개, ⚪ 모양 4개로 만든 모양은 나입니다.

서술형 **4** 3개

⑩ ⬛ 모양은 2개, 🥫 모양은 1개, ⚪ 모양은 4개 이용했습니다.

따라서 가장 많이 이용한 모양은 ⚪ 모양이고 가장 적게 이용한 모양은 🥫 모양이므로 ⚪ 모양은 🥫 모양보다 3개 더 많이 이용했습니다.

채점 기준	배점
모양을 만드는 데 이용한 ⬛, 🥫, ⚪ 모양의 개수를 각각 구했나요?	3점
가장 많이 이용한 모양은 가장 적게 이용한 모양보다 몇 개 더 많이 이용했는지 구했나요?	2점

5 2개

보이는 모양은 둥근 부분과 뾰족한 부분이 있습니다.

따라서 이것과 같은 모양의 물건을 찾으면 고깔모자와 안전 고깔(러버콘)로 모두 2개입니다.

6 나

주어진 모양 ➡ ⬛ 모양: 3개, 🥫 모양: 3개, ⚪ 모양: 3개

가 ➡ ⬛ 모양: 4개, 🥫 모양: 2개, ⚪ 모양: 3개

나 ➡ ⬛ 모양: 3개, 🥫 모양: 3개, ⚪ 모양: 3개

다 ➡ ⬛ 모양: 3개, 🥫 모양: 4개, ⚪ 모양: 2개

따라서 주어진 모양을 모두 이용하여 만든 것은 나입니다.

7 2개

위에서 보면 ⚫ 모양인 것은 🥫 모양과 ⚪ 모양입니다.

이 중에서 쌓을 수 있는 모양은 🥫 모양입니다.

따라서 설명하는 모양에는 평평한 부분이 2개 있습니다.

8 승우

가 ➡ ⬛ 모양: 1개, 🥫 모양: 6개, ⚪ 모양: 5개

나 ➡ ⬛ 모양: 4개, 🥫 모양: 6개, ⚪ 모양: 2개

• 진호: 5가 2보다 크므로 ⚪ 모양은 나보다 가에 더 많습니다.

• 혜진: 🥫 모양은 가와 나에 모두 6개로 같은 수만큼 있습니다.

• 승우: 4가 1보다 크므로 ⬛ 모양은 가보다 나에 더 많습니다.

따라서 바르게 설명한 사람은 승우입니다.

9 🥫에 ○표, 보라색

모양은 ⚪, 🥫, ⬛, ⚪이 반복되고, 색깔은 보라색, 빨간색, 파란색이 반복되는 규칙입니다.

따라서 빈칸에 들어갈 모양은 🥫 모양이고, 보라색입니다.

3 덧셈과 뺄셈

1 (위에서부터) (1) 4, 6
(2) 6, 3

(1) 2와 4를 모으기하면 6입니다.
(2) 6은 3과 3으로 가르기할 수 있습니다.

학부모 지도 가이드
수는 다양한 묶음으로 합성되고 분해될 수 있습니다. 수의 합성과 분해는 덧셈과 뺄셈을 위한 중요한 기초가 되므로 학생들이 직접 다양한 구체물을 이용하여 모으기와 가르기를 할 수 있도록 지도합니다.

2

3과 4를 모으기하면 7입니다.
2와 5를 모으기하면 7입니다.
6과 1을 모으기하면 7입니다.

3 ㉡, ㉣

㉠ 4와 2를 모으기하면 6입니다.
㉡ 3과 5를 모으기하면 8입니다.
㉢ 6과 1을 모으기하면 7입니다.
㉣ 4와 4를 모으기하면 8입니다.
따라서 두 수를 모으기하여 8이 되는 것은 ㉡, ㉣입니다.

4

8	1	3	5
2	4	1	4
3	6	2	3
2	1	7	5

모으기하면 9가 되는 이웃한 두 수는 8과 1, 5와 4, 3과 6, 2와 7입니다.

보충 개념
모으기하면 9가 되는 수는 다음과 같습니다.

1	2	3	4	5	6	7	8	9
8	7	6	5	4	3	2	1	

5 (1) 3 (2) 7

(1) 2와 □를 모으기하면 5입니다. 5는 2와 3으로 가르기할 수 있습니다.
  따라서 빈칸에 알맞은 수는 3입니다.
(2) □를 4와 3으로 가르기했습니다. 4와 3을 모으기하면 7입니다.
  따라서 빈칸에 알맞은 수는 7입니다.

6 5개

8은 3과 5로 가르기할 수 있으므로 성규는 초콜릿 5개를 가집니다.

1 쓰기 예 $5+4=9$

읽기 예 5 더하기 4는 9와 같습니다.

'5와 4의 합은 9입니다.'라고 읽을 수도 있습니다.

또한 덧셈식을 $4+5=9$라 쓰고 '4 더하기 5는 9와 같습니다.' 또는 '4와 5의 합은 9입니다.'라고 읽을 수도 있습니다.

2 (1) 2, 3, 4, 5

(2) 6, 5, 4, 3

(1) 왼쪽 수는 1로 같고 오른쪽 수만 1씩 커지므로 합은 1씩 커집니다. ➡ 2, 3, 4, 5

(2) 오른쪽 수는 2로 같고 왼쪽 수만 1씩 작아지므로 합은 1씩 작아집니다.

➡ 6, 5, 4, 3

3 ④

① $2+6=8$ ② $3+5=8$ ③ $4+4=8$ ④ $5+1=6$ ⑤ $7+1=8$

따라서 계산 결과가 8이 아닌 것은 ④입니다.

4 (위에서부터) 1, 4 / 2, 3 / 3, 2 / 4, 1

두 수의 합이 5인 덧셈식은 $1+4=5$, $2+3=5$, $3+2=5$, $4+1=5$로 모두 4개입니다.

5 7명

(운동장에 있는 전체 학생 수)=(남학생 수)+(여학생 수)

$=3+4=7$(명)

6 (1) 4 (2) 5 (3) 6 (4) 4

덧셈에서는 두 수를 바꾸어 더해도 계산 결과가 같습니다.

(1) $4+2=2+4$ (2) $3+5=5+3$

(3) $2+6=6+2$ (4) $4+3=3+4$

1 (1) 3 / 3 (2) 2 / 2

(1) 5는 2와 3으로 가르기할 수 있으므로 5에서 2를 빼면 3입니다.

(2) 7은 5와 2로 가르기할 수 있으므로 7에서 5를 빼면 2입니다.

2 (1) 3, 2, 1, 0

(2) 4, 3, 2, 1

(1) 왼쪽 수는 5로 같고 오른쪽 수만 1씩 커지므로 차는 1씩 작아집니다. ➡ 3, 2, 1, 0

(2) 오른쪽 수는 2로 같고 왼쪽 수만 1씩 작아지므로 차는 1씩 작아집니다.

➡ 4, 3, 2, 1

3 ①, ③, ④

계산 결과가 왼쪽의 두 수보다 크면 덧셈을 한 것입니다.

➡ ② $2\boxed{+}5=7$, ⑤ $4\boxed{+}2=6$

계산 결과가 가장 왼쪽의 수보다 작으면 뺄셈을 한 것입니다. ➡ ① $5\boxed{-}3=2$

왼쪽의 두 수가 같고 계산 결과가 0이면 뺄셈을 한 것입니다. ➡ ③ $3\boxed{-}3=0$

④ 5□0=5의 □ 안에는 '+', '−'가 모두 들어갈 수 있습니다.
따라서 □ 안에 뺄셈 기호(−)가 들어갈 수 있는 것은 ①, ③, ④입니다.

4 $9-6=3$, $9-3=6$

덧셈식 $3+6=9$는 뺄셈식 $9-6=3$ 또는 $9-3=6$으로 만들 수 있습니다.

보충 개념

● + ▲ = ■ ⟨ ■ − ▲ = ●
　　　　　　　 ■ − ● = ▲

5 (1) 5 (2) 6 (3) 2 (4) 6

덧셈과 뺄셈의 관계를 이용하여 □ 안에 알맞은 수를 구합니다.
(1) □−4=1, 1+4=□, □=5　　(2) □−3=3, 3+3=□, □=6
(3) 7−□=5, 7−5=□, □=2　　(4) 8−□=2, 8−2=□, □=6

보충 개념

● − ▲ = ■　　　　● − ▲ = ■
■ + ▲ = ●　　　　● − ■ = ▲

대표문제 1

6 → 1 ㉠ → 2 ㉡

➡ 6은 1과 5로 가르기할 수 있으므로 ㉠=5입니다.

5는 2와 3으로 가르기할 수 있으므로 ㉡=3입니다.

1-1 (왼쪽에서부터) 3, 2

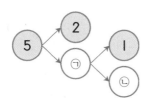

5는 2와 3으로 가르기할 수 있으므로 ㉠=3입니다.
3은 1과 2로 가르기할 수 있으므로 ㉡=2입니다.

1-2 (위에서부터) 6, 3

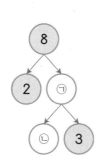

8은 2와 6으로 가르기할 수 있으므로 ㉠=6입니다.
6은 3과 3으로 가르기할 수 있으므로 ㉡=3입니다.

1-3 2

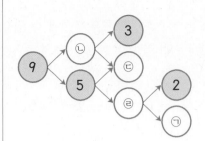

9는 5와 4로 가르기할 수 있으므로 ⓒ=4입니다.
4는 3과 1로 가르기할 수 있으므로 ⓒ=1입니다.
5는 1과 4로 가르기할 수 있으므로 ②=4입니다.
4는 2와 2로 가르기할 수 있으므로 ⊙=2입니다.

1-4 3

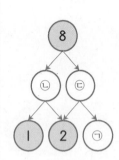

ⓒ을 1과 2로 가르기할 수 있으므로 ⓒ은 1과 2를 모으기한 3입니다. ➡ ⓒ=3
8은 3과 5로 가르기할 수 있으므로 ⓒ=5입니다.
5는 2와 3으로 가르기할 수 있으므로 ⊙=3입니다.

64~65쪽

수를 하나씩 지우면서 계산 결과를 확인합니다.
2̸ + 5 + 3 = 8 (×)
2 + 5̸ + 3 = 5 (×)
2 + 5 + 3̸ = 7 (○)
따라서 필요 없는 수는 3이므로 3에 ×로 표시합니다.

2-1 1̸+2+3=5

1̸+2+3=5(○), 1+2̸+3=4(×), 1+2+3̸=3(×)

2-2 7−2̸−3=4

7−2̸−3=4(○), 7−2−3̸=5(×)

2-3 3+1̸+4,
4̸+5+2 / 7

・3̸+1+4=5, 3+1̸+4=7, 3+1+4̸=4
・4̸+5+2=7, 4+5̸+2=6, 4+5+2̸=9
각 식에서 하나의 수를 지워 두 식의 합이 같을 때는 합이 7일 때입니다.
따라서 왼쪽 식에서 1에, 오른쪽 식에서 4에 각각 ×로 표시하고, 이때의 합은 7입니다.

2-4 예 2, 4, 6

주어진 수로 덧셈을 하면 등호(=) 왼쪽의 수보다 계산 결과가 커지므로 등호(=) 오른쪽에는 가장 큰 수 또는 둘째로 큰 수가 들어가야 합니다. 수를 작은 수부터 순서대로 쓰면 2, 3, 4, 6이고 가장 작은 수와 둘째로 작은 수의 합이 2+3=5이므로 두 수의 합이 될 수 있는 수는 5보다 크거나 같은 수입니다.
등호(=) 오른쪽에 가장 큰 수인 6을 놓고, 2+3+4=6에서 각 수를 하나씩 지웠을 때의 계산 결과를 알아봅니다.
2̸+3+4=7(×), 2+3̸+4=6(○), 2+3+4̸=5(×)
따라서 만들 수 있는 덧셈식은 2+4=6 또는 4+2=6입니다.

등호(＝) 오른쪽에 가장 큰 수를 쓰고 남은 세 수를 등호 왼쪽에 쓴 후, 수를 하나씩 지우면서 계산 결과를 확인해 봅니다.

합이 가장 큰 덧셈식을 만들려면 가장 큰 수와 둘째로 큰 수를 더해야 합니다.
수 카드의 수를 큰 수부터 차례로 쓰면 5, 4, 3, 2, 1이므로
가장 큰 수는 5이고, 둘째로 큰 수는 4입니다.
따라서 합이 가장 큰 덧셈식은 5＋4＝9입니다.

3-1 ㉖ 2, 3, 5

합이 가장 작은 덧셈식을 만들려면 가장 작은 수와 둘째로 작은 수를 더해야 합니다.
수 카드의 수를 작은 수부터 차례로 쓰면 2, 3, 6, 7이므로 가장 작은 수는 2이고,
둘째로 작은 수는 3입니다.
따라서 합이 가장 작은 덧셈식은 2＋3＝5 또는 3＋2＝5입니다.

3-2 9, 1, 8

차가 가장 큰 뺄셈식을 만들려면 가장 큰 수에서 가장 작은 수를 빼야 합니다.
수 카드의 수를 작은 수부터 차례로 쓰면 1, 3, 4, 7, 9이므로 가장 큰 수는 9이고,
가장 작은 수는 1입니다.
따라서 차가 가장 큰 뺄셈식은 9－1＝8입니다.

3-3 ㉖ 5, 3, 8

합이 둘째로 큰 덧셈식을 만들려면 가장 큰 수와 셋째로 큰 수를 더해야 합니다.
수 카드의 수를 큰 수부터 차례로 쓰면 5, 4, 3, 1, 0이므로 가장 큰 수는 5이고,
셋째로 큰 수는 3입니다.
따라서 합이 둘째로 큰 덧셈식은 5＋3＝8 또는 3＋5＝8입니다.

3-4 3개

차가 3인 뺄셈식은 5－2＝3, 9－6＝3, 4－1＝3으로 모두 3개입니다.

민서가 던진 두 주사위의 눈의 수의 합은 2＋6＝8입니다.

혜지가 던진 두 주사위의 눈의 수의 합도 8이므로 혜지가 던진 두 주사위 중

나머지 빈칸의 주사위의 눈의 수는 8－5＝3입니다.

따라서 빈칸에 주사위의 눈을 3개 그립니다. ➡

4-1

준우가 던진 두 주사위의 눈의 수의 합은 $3+2=5$이므로 다소가 던진 두 주사위의 눈의 수의 합도 5입니다.

따라서 다소가 던진 두 주사위 중 빈칸의 주사위의 눈의 수는 $5-4=1$이므로 빈칸에 주사위의 눈을 1개 그립니다.

4-2

리아가 던진 두 주사위의 눈의 수의 차는 $6-5=1$이므로 성규가 던진 두 주사위의 눈의 수의 차도 1입니다.

따라서 성규가 던진 두 주사위 중 빈칸의 주사위의 눈의 수는 $1+1=2$이므로 빈칸에 주사위의 눈을 2개 그립니다.

4-3 4

첫째 주머니에서 $3+6=9$이므로 각 주머니에 들어 있는 수 카드의 수의 합은 9로 같습니다.

$4+㉠=9$, $9-4=㉠$, $㉠=5$이고 $㉡+8=9$, $9-8=㉡$, $㉡=1$입니다.

따라서 ㉠과 ㉡의 차는 $5-1=4$입니다.

4-4 1, 3

보이지 않는 두 수와 4의 합이 8이므로 보이지 않는 두 수의 합은 $8-4=4$입니다.

모으기하여 4가 되는 두 수는 1과 3, 2와 2, 3과 1이고 이 중 두 수의 차가 2인 경우는 1과 3, 3과 1입니다. 따라서 보이지 않는 두 수는 1과 3입니다.

70~71쪽

대표문제 5

먼저 둘째 조건을 이용해 ●을(를) 구합니다.

●은(는) 6과 2로 가르기할 수 있습니다. ➡ (6, 2) 이므로 ●=8입니다.

구한 ●의 값을 첫째 조건에 넣어 ㉠에 알맞은 수를 구합니다.

5와 ㉠을(를) 모으기하면 ●이(가) 됩니다. ➡ (5, ㉠) 이므로 ㉠=3입니다.

5-1 6

첫째 조건에서 5는 2와 3으로 가르기할 수 있으므로 ★=3입니다.

둘째 조건에서 3과 3을 모으기하면 6이므로 ㉠=6입니다.

서술형 5-2 1

⑩ 둘째 조건에서 3과 4를 모으기하면 7이므로 ◆=7입니다.

첫째 조건에서 7은 6과 1로 가르기할 수 있으므로 ㉠=1입니다.

채점 기준	배점
◆에 알맞은 수를 구했나요?	2점
㉠에 알맞은 수를 구했나요?	3점

5-3 2

첫째 조건에서 ▲＝6입니다.

둘째 조건에서 6은 2와 4로 가르기할 수 있으므로 ㉠＝2입니다.

5-4 6

둘째 조건에서 ■가 될 수 있는 수는 2, 3입니다.

첫째 조건에서 4와 2를 모으기하면 6이 되고, 4와 3을 모으기하면 7이 되므로 ㉠＝6
또는 ㉠＝7입니다.

셋째 조건에서 ㉠은 7보다 작은 수이므로 ㉠＝6입니다.

72~73쪽

현수와 미나가 가진 초콜릿 개수의 차는 8－4＝4입니다.

4는 똑같은 두 수 2와 2로 가르기할 수 있으므로 두 사람의 초콜릿 개수가 같아지려면

현수는 미나에게 초콜릿을 2개 주어야 합니다.

6-1 1개

가 상자에 들어 있는 공이 나 상자에 들어 있는 공보다 6－4＝2(개) 더 많습니다.

2는 똑같은 두 수 1과 1로 가르기할 수 있으므로 공의 개수가 같아지려면 가 상자에서
나 상자로 공을 1개 옮겨야 합니다.

6-2 3장

예 채유는 진호보다 색종이를 7－1＝6(장) 더 많이 가지고 있습니다.

6은 똑같은 두 수 3과 3으로 가르기할 수 있으므로 두 사람의 색종이 장수가 같아지려
면 채유가 진호에게 색종이를 3장 주어야 합니다.

채점 기준	배점
채유가 진호보다 색종이를 몇 장 더 많이 가지고 있는지 구했나요?	2점
색종이 장수가 같아지려면 채유가 진호에게 몇 장을 주어야 하는지 구했나요?	3점

6-3 2명

(도서실에 남은 학생 수)＝8－4＝4(명)

4는 똑같은 두 수 2와 2로 가르기할 수 있으므로 도서실에 남은 남학생은 2명입니다.

─────────────
다른 풀이
그림으로 알아봅니다.

남은 학생 수

따라서 남은 남학생은 2명입니다.
─────────────

6-4 4개

(전체 사탕 수)＝3＋6＝9(개)

사탕 1개가 남았으므로 두 사람이 나누어 먹은 사탕은 9－1＝8(개)입니다.

8은 똑같은 두 수 4와 4로 가르기할 수 있으므로 한 사람이 먹은 사탕은 4개입니다.

두 수의 합이 7이 되는 경우를 찾아봅니다.

- 1과 더해 7이 되는 수: 6
- 2와 더해 7이 되는 수: 5
- 3과 더해 7이 되는 수: 4

따라서 수 카드를 2장씩 묶어 합이 7이 되는 경우는 1과 6, 2와 5, 3과 4로 모두 3가지입니다.

7-1 2가지

합이 8이 되는 경우는 $2+6=8$, $3+5=8$입니다.

따라서 묶을 수 있는 경우는 2와 6, 3과 5로 모두 2가지입니다.

주의

4와 4를 더해도 8이 되지만 수 카드 4가 한 장만 있으므로 가능하지 않습니다.

7-2 3가지

차가 3이 되는 경우는 $3-0=3$, $4-1=3$, $8-5=3$입니다.

따라서 묶을 수 있는 경우는 0과 3, 1과 4, 5와 8로 모두 3가지입니다.

7-3 $\boxed{2}\,\boxed{3}\,\boxed{4}\,\boxed{5}\,\boxed{6}\,\boxed{7}$,
9

합이 모두 같은 경우는 $2+7=9$, $3+6=9$, $4+5=9$입니다.

2와 7, 3과 6, 4와 5를 선으로 연결하고, 이때의 두 수의 합은 9입니다.

7-4 예 1, 0; 3, 2; 5, 4

두 수의 차가 1일 때는 다음과 같습니다.

$0\;\;1\;\;2\;\;3\;\;4\;\;5$ ➡ $\boxed{1}-\boxed{0}=\boxed{3}-\boxed{2}=\boxed{5}-\boxed{4}$

두 수의 차가 3일 때는 다음과 같습니다.

$0\;\;1\;\;2\;\;3\;\;4\;\;5$ ➡ $\boxed{3}-\boxed{0}=\boxed{4}-\boxed{1}=\boxed{5}-\boxed{2}$

해결 전략

가장 큰 수에서 가장 작은 수를 빼면 5가 되므로 두 수의 차가 1, 2, 3, 4, 5가 되는 식을 만들어 봅니다.

주의

두 수의 차가 2, 4, 5가 되는 경우는 주어진 수를 모두 한 번씩 사용하여 세 개의 식을 만들 수 없으므로 가능하지 않습니다.

한 가지 모양으로 나타낸 식 ■+■=8에서 ■가 나타내는 수를 먼저 구할 수 있습니다.

■+■=8에서 4+4=8이므로 ■=4입니다.

●+■=5에서 ●+4=5이므로 ●=5−4=1입니다.

➡ ■=4, ●=1

8-1 2, 1

한 가지 모양으로 된 식 ▲+▲=4에서 ▲가 나타내는 수를 먼저 구할 수 있습니다.

▲+▲=4에서 2+2=4이므로 ▲=2입니다.

◆+◆=▲에서 ◆+◆=2이고 1+1=2이므로 ◆=1입니다.

8-2 3, 7

한 가지 모양으로 된 식 ♥+♥=6에서 ♥가 나타내는 수를 먼저 구할 수 있습니다.

♥+♥=6에서 3+3=6이므로 ♥=3입니다.

★−♥=4에서 ★−3=4이므로 ★=4+3, ★=7입니다.

8-3 1, 4, 3

한 가지 모양으로 된 식 ●+●=2에서 ●가 나타내는 수를 먼저 구할 수 있습니다.

●+●=2에서 1+1=2이므로 ●=1입니다.

●+▲=4에서 1+▲=4이므로 ▲=4−1, ▲=3입니다.

■−●=▲ 에서 ■−1=3이므로 ■=3+1, ■=4입니다.

MATH MASTER

1 (위에서부터) 2, 3, 7

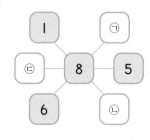

8은 6과 2로 가르기할 수 있고 6과 2를 모으기하면 8이므로 ㉠=2입니다.

8은 1과 7로 가르기할 수 있고 1과 7을 모으기하면 8이므로 ㉡=7입니다.

8은 5와 3으로 가르기할 수 있고 5와 3을 모으기하면 8이므로 ㉢=3입니다.

2 6가지

⑦	⑦	⑦	⑦	⑦	⑦
① ⑥	② ⑤	③ ④	④ ③	⑤ ②	⑥ ①
채아 수호	채아 수호	채아 수호	채아 수호	채아 수호	채아 수호

따라서 초콜릿 **7**개를 남김없이 나누어 먹는 방법은 모두 **6**가지입니다.

3 8

4+**2**와 ●+**4**의 계산 결과는 같고, **4**+**2**=**2**+**4**이므로 ●=**2**입니다.
4+**2**=**6**이므로 ■=**6**입니다.
따라서 ■+●=**6**+**2**=**8**입니다.

해결 전략
두 수를 바꾸어 더해도 그 값은 같습니다. ➡ ★+♥=◆, ♥+★=◆

서술형 **4** 7개

⑩ 현서가 주운 밤은 **4**−**1**=**3**(개)입니다.
따라서 진모와 현서가 주운 밤은 모두 **4**+**3**=**7**(개)입니다.

채점 기준	배점
현서가 주운 밤의 개수를 구했나요?	2점
진모와 현서가 주운 밤은 모두 몇 개인지 구했나요?	3점

5 1, 2, 3, 4, 5

0+**1**=**1**, **0**+**2**=**2**, **0**+**3**=**3**, **1**+**2**=**3**, **1**+**3**=**4**, **2**+**3**=**5**
따라서 서로 다른 합은 **1**, **2**, **3**, **4**, **5**입니다.

6 9

(어떤 수)−**2**=**5** ➡ (어떤 수)=**5**+**2**, (어떤 수)=**7**
따라서 어떤 수가 **7**이므로 바르게 계산하면 **7**+**2**=**9**입니다.

서술형 **7** 4개

⑩ **2**는 **1**과 **1**로 가르기할 수 있고, **4**는 **2**와 **2**로 가르기할 수 있고, **6**은 **3**과 **3**으로 가르기할 수 있고, **8**은 **4**와 **4**로 가르기할 수 있습니다.
따라서 똑같은 두 수로 가르기할 수 있는 수는 **2**, **4**, **6**, **8**로 모두 **4**개입니다.

채점 기준	배점
똑같은 두 수로 가르기할 수 있는 수를 구했나요?	3점
똑같은 두 수로 가르기할 수 있는 수는 모두 몇 개인지 구했나요?	2점

해결 전략
똑같은 두 수로 가르기할 수 있는 수를 알아봅니다.

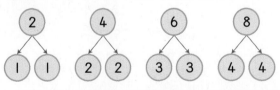

---

8 6자루

성미에게 남은 연필이 **3**자루이면 진수에게 준 연필도 **3**자루입니다.
따라서 성미가 처음에 가지고 있던 연필은 모두 **3**+**3**=**6**(자루)입니다.

9 3

⊙이 1, 2, 3일 때의 경우를 각각 알아봅니다.

• ⊙=1일 때   • ⊙=2일 때   • ⊙=3일 때

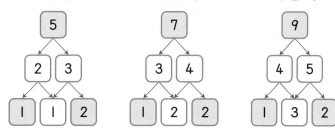

따라서 조건에 맞을 때는 ⊙=3일 때입니다.

10 4개

예주가 은수보다 귤을 더 많이 먹게 나누는 방법은 다음 중 한 가지입니다.

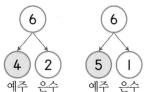

은수가 예주보다 딸기를 더 많이 먹게 나누는 방법은 다음 중 한 가지입니다.

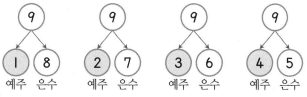

따라서 예주가 먹으려는 귤과 딸기의 수가 같을 때는 4이므로 예주가 먹으려는 귤은 **4개**입니다.

4 비교하기

1 길이, 무게 비교하기

82~83쪽

1 2개

지우개보다 더 짧은 것은 집게, 클립으로 모두 **2개**입니다.

해결 전략

한쪽 끝을 맞추어 맞대어 비교하거나 실이나 끈 등을 이용해 지우개와 길이를 비교합니다.

2 나, 가, 다

손으로 들어 보았을 때 힘이 많이 들어갈수록 더 무거우므로 나, 가, 다 순서로 무겁습니다.

3 나

나무의 가장 위쪽이 맞추어져 있으므로 아래쪽으로 가장 많이 내려온 나무가 가장 높습니다.

따라서 가장 높은 나무는 나입니다.

4 경주

왼쪽 그림에서는 경주가 지훈이보다 더 무겁고, 오른쪽 그림에서는 지훈이가 서준이보다 더 무겁습니다.

따라서 지훈이는 서준이보다 더 무겁고 경주는 지훈이보다 더 무거우므로 가장 무거운 사람은 경주입니다.

해결 전략

시소에서는 더 무거운 쪽이 아래로 내려갑니다.

---

② 넓이, 담을 수 있는 양 비교하기 84~85쪽

1 스케치북, 수첩

겹쳐 보았을 때 남는 부분의 크기로 비교합니다.

따라서 가장 넓은 것은 스케치북이고, 가장 좁은 것은 수첩입니다.

2 3, 1, 2

그릇의 크기가 클수록 담을 수 있는 양이 더 많습니다.

따라서 물을 적게 담을 수 있는 것부터 차례로 쓰면 냄비, 양동이, 욕조입니다.

3 장미

튤립은 7칸, 장미는 8칸에 심었으므로 더 넓은 부분에 심은 것은 장미입니다.

4 ( )(○)(△)

그릇의 모양과 크기가 같은 경우에는 물의 높이를 이용해 담겨 있는 물의 양을 비교합니다.

따라서 물이 둘째 컵에 가장 많이 담겨 있고, 셋째 컵에 가장 적게 담겨 있으므로 둘째 컵에 ○표, 셋째 컵에 △표 합니다.

86~87쪽

구부러진 끈을 곧게 폈을 때의 길이를 생각하여 비교해 봅니다.

세 끈의 양쪽 끝이 모두 맞추어져 있으므로 많이 구부러진 끈일수록 폈을 때 더 (깁니다 , 짧습니다).

따라서 길이가 긴 끈부터 차례로 기호를 쓰면 다, 가, 나이므로 가장 긴 끈은 다입니다.

1-1 가

가, 나, 다는 양쪽 끝이 맞추어져 있으므로 밧줄이 적게 구부러져 있을수록 더 짧습니다.

따라서 길이가 가장 짧은 밧줄은 가입니다.

1-2 다

굵기가 같은 원통에 끈을 감았을 때에는 가장 많이 감은 끈의 길이가 가장 깁니다.

끈을 감은 횟수가 가는 3번, 나는 5번, 다는 4번이므로 감은 끈의 길이가 짧은 것부터 차례로 기호를 쓰면 가, 다, 나입니다.

따라서 감은 끈의 길이가 둘째로 짧은 것은 다입니다.

1-3 나, 다

상자를 묶는 방법이 모두 같으므로 큰 선물 상자를 묶을수록 사용한 끈의 길이가 깁니다.
따라서 사용한 끈의 길이가 짧은 것부터 차례로 기호를 쓰면 나, 가, 다이므로 사용한
끈의 길이가 가장 짧은 것은 나이고, 가장 긴 것은 다입니다.

88~89쪽

모양과 크기가 같은 가 그릇과 나 그릇에 담긴 물의 양을 비교해 봅니다.
나 그릇에 담긴 물의 높이가 가 그릇에 담긴 물의 높이보다 높으므로
나 그릇에 담긴 물의 양이 더 많습니다.
나 그릇과 다 그릇에 담긴 물의 양을 비교해 봅니다.
나 그릇과 다 그릇에 담긴 물의 높이는 같지만 나 그릇의 크기가 더 크므로
나 그릇에 담긴 물의 양이 더 많습니다.
따라서 물이 가장 많이 담긴 그릇은 나입니다.

2-1 다

물의 높이가 같을 때는 그릇의 크기가 클수록 물이 더 많이 담겨 있습니다.
따라서 물이 가장 많이 담겨 있는 그릇부터 차례로 기호를 쓰면 가, 나, 다이므로 물이
가장 적게 담겨 있는 그릇은 다입니다.

2-2 나, 가, 다

가 그릇과 나 그릇을 비교하면 그릇의 모양과 크기가 같으므로 물의 높이가 더 높은 나
그릇에 물이 더 많이 담겨 있습니다.
가 그릇과 다 그릇을 비교하면 물의 높이가 같으므로 옆으로 더 넓은 가 그릇에 물이 더
많이 담겨 있습니다.
따라서 물이 많이 담겨 있는 그릇부터 차례로 기호를 쓰면 나, 가, 다입니다.

2-3 은주

컵의 모양과 크기가 같으므로 주스의 높이가 낮을수록 남긴 주스의 양이 적습니다.
남긴 주스의 양이 적은 사람부터 차례로 쓰면 은주, 진수, 현미이므로 주스를 가장 많이
마신 사람은 은주입니다.

해결 전략
남긴 주스의 양이 적을수록 더 많이 마신 것이고, 남긴 주스의 양이 많을수록 더 적게 마신 것입니다.

2-4 다

그릇의 크기가 클수록 물통에 남는 물의 양은 적어집니다.
가장 큰 그릇을 채운 물통의 물이 가장 적게 남으므로 나, 다, 가 순서로 물통에 물이 적
게 남습니다.
따라서 남는 물의 양이 둘째로 적은 물통은 다입니다.

같은 크기의 바닥을 가, 나 타일로 각각 덮은 경우를 그림으로 나타내 봅니다.

① 가 타일 **4**장으로 덮은 경우   ② 나 타일 **6**장으로 덮은 경우

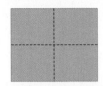   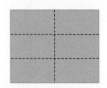

따라서 타일 **1**장의 넓이를 비교해 보면 가 타일의 넓이가 더 넓습니다.

3-1 윤지

더 넓은 종이일수록 사용하는 장수가 더 적습니다.
따라서 윤지의 종이가 더 넓으므로 사용한 종이의 장수가 더 적은 사람은 윤지입니다.

서술형 **3-2** 나 크기

㉖ 가 크기 **3**장과 나 크기 **5**장의 넓이는 도화지 한 장의 넓이와 같으므로 잘라 만든 장
수가 많을수록 한 장의 넓이가 더 좁습니다.
따라서 **5**가 **3**보다 크므로 한 장의 넓이가 더 좁은 것은 나 크기로 자른 것입니다.

채점 기준	배점
잘라 만든 장수가 많을수록 종이 한 장의 넓이가 더 넓은지, 더 좁은지 알고 있나요?	3점
잘라 만든 장수를 비교하여 종이 한 장의 넓이가 더 좁은 것을 찾았나요?	2점

3-3 가 활동판

붙인 색종이의 장수가 같으므로 색종이의 넓이가 더 넓은 빨간색 색종이를 붙인 가 활동
판이 더 넓습니다.

3-4 현주, 주예, 은혜

똑같은 크기의 색종이를 잘랐으므로 조각 수가 적을수록 한 조각의 넓이가 더 넓습니다.
따라서 자른 한 조각의 넓이가 넓은 사람부터 차례로 쓰면 현주, 주예, 은혜입니다.

두 저울에 공통으로 있는 사과를 기준으로 두 개씩 짝을 지어 비교합니다.

가볍다   무겁다

• 사과는 감보다 더 무겁습니다. ----------- 감   사과
• 배는 사과보다 더 무겁습니다. ----------- 사과   배

➡ 가장 무거운 과일은 배, 가장 가벼운 과일은 감입니다.
따라서 무거운 과일부터 차례로 쓰면 배, 사과, 감입니다.

4-1 너구리, 원숭이, 여우

원숭이를 기준으로 두 마리씩 짝을 지어 비교합니다.

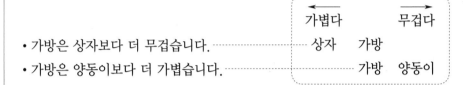

• 원숭이는 너구리보다 더 무겁습니다.

• 원숭이는 여우보다 더 가볍습니다.

따라서 가벼운 동물부터 차례로 쓰면 너구리, 원숭이, 여우입니다.

4-2 ㉘ 가방, 상자;
　　　 가방, 양동이

가방을 기준으로 두 개씩 짝을 지어 비교합니다.

	가볍다		무겁다
	상자	가방	
		가방	양동이

• 가방은 상자보다 더 무겁습니다.

• 가방은 양동이보다 더 가볍습니다.

따라서 왼쪽 저울에서 내려간 쪽에는 가방을, 올라간 쪽에는 상자를 쓰고, 오른쪽 저울에서 내려간 쪽에는 양동이를, 올라간 쪽에는 가방을 씁니다.

보충 개념
양동이가 상자보다 더 무거우므로 저울의 내려간 쪽에 양동이를, 올라간 쪽에 상자를 써도 됩니다.

4-3 준하

	가볍다			무겁다
	주미	영호		
		영호	인수	
			인수	준하

• 주미는 영호보다 더 가볍습니다.

• 인수는 영호보다 더 무겁습니다.

• 준하는 인수보다 더 무겁습니다.

따라서 무거운 사람부터 차례로 쓰면 준하, 인수, 영호, 주미이므로 가장 무거운 사람은 준하입니다.

94~95쪽

주어진 모양을 똑같은 크기의 ▲ 모양으로 나누어 개수를 세어 봅니다.

따라서 ▲ 모양의 개수가 더 많은 가의 넓이가 더 넓습니다.

5-1 나

주어진 모양을 똑같은 크기의 모양으로 나누어 개수를 세어 봅니다.

가   나

따라서 같은 모양으로 나누었을 때 나눈 모양의 개수가 가: 5개, 나: 4개이므로 나의 넓이가 더 좁습니다.

5-2 나

주어진 모양을 똑같은 크기의 모양으로 나누어 개수를 세어 봅니다.

가   나

따라서 같은 모양으로 나누었을 때 나눈 모양의 개수가 가: 5개, 나: 6개이므로 나의 넓이가 더 넓습니다.

5-3 다, 가, 나

주어진 모양을 ▲ 모양, ■ 모양으로 나누어 보면 다음과 같습니다.

가   나   다

■ 모양은 모두 2개씩 있으므로 ▲ 모양의 개수를 세어 넓이를 비교해 봅니다.

▲ 모양의 개수가 가: 2개, 나: 1개, 다: 3개이므로 넓은 것부터 차례로 기호를 쓰면 다, 가, 나입니다.

96~97쪽

두 사람씩 짝을 지어 키를 비교합니다.

작다 ←	→ 크다
	혜미
시후 현주	

• 혜미는 현주보다 키가 더 큽니다.
• 시후는 혜미보다 키가 더 작습니다.
• 현주는 시후보다 키가 더 큽니다.

키가 작은 순서대로 쓰면 시후, 현주, 혜미이므로 키가 가장 작은 사람은 시후입니다.

6-1 3동

낮다 ←	→ 높다
1동	3동
2동	

• 아파트 1동은 3동보다 더 낮습니다.
• 아파트 2동이 가장 낮습니다.
따라서 가장 높은 동은 3동입니다.

서술형 **6-2** 연필

㉔ 연필은 가위보다 더 짧고, 가위는 자보다 더 길므로 가위가 가장 깁니다.
연필과 자 중에서 연필이 자보다 더 짧으므로 길이가 가장 짧은 물건은 연필입니다.

채점 기준	배점
연필, 가위, 자의 길이를 비교했나요?	3점
길이가 가장 짧은 물건을 구했나요?	2점

다른 풀이

• 연필은 가위보다 더 짧습니다.
• 가위는 자보다 더 깁니다.
• 연필은 자보다 더 짧습니다.

짧다 ────────── 길다
                    가위
연필   자

따라서 길이가 가장 짧은 물건은 연필입니다.

6-3 다현

은결이가 사는 층을 기준으로 오른쪽 그림과 같이 그림으로 나타내
해결해 봅니다.
따라서 가장 낮은 층에 사는 사람은 다현입니다.

5층 민아
4층 은결
3층
2층 다현
1층

6-4 경수, 아윤, 수호, 주희

남은 끈의 길이가 길수록 키가 작은 것입니다.

작다 ────────── 크다
                    주희
경수
        아윤   수호

• 주희의 남은 끈의 길이가 가장 짧습니다.
• 경수의 남은 끈의 길이가 가장 깁니다.
• 수호의 남은 끈의 길이는 아윤이의 남은
  끈의 길이보다 더 짧습니다.
따라서 키가 작은 사람부터 차례로 쓰면 경수, 아윤, 수호, 주희입니다.

대표문제 **7**

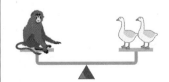

원숭이 1마리의 무게와 오리 2마리의 무게가 같습니다.
➡ 한 마리의 무게는 원숭이가 오리보다 더
(**무겁습니다**, 가볍습니다).

오리 3마리의 무게와 병아리 5마리의 무게가 같습니다.
➡ 한 마리의 무게는 오리가 병아리보다 더
(**무겁습니다**, 가볍습니다).

따라서 한 마리의 무게가 무거운 동물부터 차례로 쓰면 원숭이, 오리, 병아리입니다.

7-1 로봇

왼쪽 저울에서 로봇 1개의 무게와 장난감 자동차 2개의 무게가 같으므로 한 개의 무게는 로봇이 장난감 자동차보다 더 무겁습니다.

오른쪽 저울에서 장난감 자동차 2개의 무게와 구슬 3개의 무게가 같으므로 한 개의 무게는 장난감 자동차가 구슬보다 더 무겁습니다.

따라서 한 개의 무게가 무거운 장난감부터 차례로 쓰면 로봇, 장난감 자동차, 구슬이므로 가장 무거운 장난감은 로봇입니다.

7-2 지우개

왼쪽 저울에서 풀 2개의 무게와 가위 1개의 무게가 같으므로 한 개의 무게는 풀이 가위보다 더 가볍습니다.

오른쪽 저울에서 지우개 4개의 무게와 풀 3개의 무게가 같으므로 한 개의 무게는 지우개가 풀보다 더 가볍습니다.

따라서 한 개의 무게가 가벼운 물건부터 차례로 쓰면 지우개, 풀, 가위이므로 가장 가벼운 물건은 지우개입니다.

7-3 호박, 무, 배추

왼쪽 저울에서 무 1개의 무게와 호박 3개의 무게가 같으므로 한 개의 무게는 호박이 무보다 더 가볍습니다.

오른쪽 저울에서 무 1개와 호박 2개의 무게의 합은 배추 1개의 무게와 같으므로 한 개의 무게는 무가 배추보다 더 가볍습니다.

따라서 한 개의 무게가 가벼운 채소부터 차례로 쓰면 호박, 무, 배추입니다.

7-4 사과

오른쪽 저울에서 사과 1개는 감 2개와 무게가 같으므로 한 개의 무게는 사과가 감보다 더 무겁습니다.

왼쪽 저울에서 감 1개와 사과 1개의 무게의 합은 배 1개의 무게와 같으므로 한 개의 무게는 배가 사과보다 더 무겁습니다.

따라서 무거운 과일부터 차례로 쓰면 배, 사과, 감이므로 둘째로 무거운 과일은 사과입니다.

다른 풀이

오른쪽 저울에서 사과 1개는 감 2개와 무게가 같습니다.

사과 1개의 무게는 감 2개의 무게와 같으므로 왼쪽 저울에서 배 1개는 감 1+2=3(개)의 무게와 같습니다.

따라서 무거운 과일부터 차례로 쓰면 배, 사과, 감이므로 둘째로 무거운 과일은 사과입니다.

100~101쪽

가 그릇에 가득 담은 물을 다 그릇에 부었을 때 물이 반만 담겼으므로 다 그릇이 가 그릇보다 더 큽니다.

가 그릇에 가득 담은 물을 나 그릇에 부었을 때 물이 넘쳤으므로 가 그릇이 나 그릇보다 더 큽니다.

따라서 크기가 큰 그릇부터 차례로 기호를 쓰면 다, 가, 나입니다.

8-1 나, 가, 다

나 컵에 물을 가득 담아 가 컵에 부으면 물이 넘치므로 나 컵이 가 컵보다 더 큽니다.
나 컵에 물을 가득 담아 다 컵에 부으면 물이 가득 채워지지 않으므로 다 컵이 나 컵보다
더 큽니다.
따라서 크기가 큰 컵부터 차례로 기호를 쓰면 다, 나, 가입니다.

8-2 나, 가, 다

가 컵에 물을 가득 담아 나 컵에 부으면 물이 넘치므로 나 컵이 가 컵보다 더 작습니다.
가 컵에 물을 가득 담아 다 컵에 부으면 물이 가득 채워지지 않으므로 가 컵이 다 컵보다
더 작습니다.
따라서 크기가 작은 컵부터 차례로 기호를 쓰면 나, 가, 다입니다.

8-3 다, 가, 나

가 그릇에 물이 가득 찼을 때 나 그릇과 다 그릇에 담긴 물의 양을 그림으로 나타내면 다
음과 같습니다.

따라서 물을 많이 담을 수 있는 그릇부터 차례로 기호를 쓰면 다, 가, 나입니다.

8-4 물통

양동이에 가득 채운 물로 물통과 대야를 모두 채울 수 있으므로 양동이에 물을 가장 많
이 담을 수 있습니다.
대야에 가득 채운 물을 물통에 3번 부으면 물통이 가득 차므로 대야에 물을 가장 적게
담을 수 있습니다.
따라서 물을 많이 담을 수 있는 것부터 차례로 쓰면 양동이, 물통, 대야이므로 물을 둘
째로 많이 담을 수 있는 것은 물통입니다.

MATH MASTER

102~105쪽

1 가위, 풀

고무줄이 길게 늘어나는 물건일수록 더 무겁습니다.
따라서 고무줄이 길게 늘어난 것부터 차례로 쓰면 가위, 지우개, 풀이므로 가장 무거운
물건은 가위, 가장 가벼운 물건은 풀입니다.

해결 전략
물건이 무거울수록 고무줄의 길이가 더 길게 늘어납니다.

2 어항

물을 부은 횟수가 같으므로 컵의 크기가 큰 가 컵으로 부은 물의 양이 더 많습니다.
따라서 어항에 담을 수 있는 물의 양이 더 많습니다.

서술형 3 색칠한 부분

⑩ 칸 수를 세어 넓이를 비교해 봅니다.

색칠한 부분은 7칸이고 색칠하지 않은 부분은 5칸입니다.

따라서 칸 수가 많을수록 더 넓으므로 색칠한 부분이 더 넓습니다.

채점 기준	배점
색칠한 부분과 색칠하지 않은 부분의 칸 수를 각각 세었나요?	3점
색칠한 부분과 색칠하지 않은 부분 중 더 넓은 것을 찾았나요?	2점

4 영미

머리끝이 맞추어져 있으므로 발끝을 비교합니다.

키가 큰 사람부터 차례로 쓰면 지호, 영미, 민우, 서희입니다.

따라서 키가 둘째로 큰 사람은 영미입니다.

5 ㉡, ㉣

㉠, ㉡, ㉣은 왼쪽 끝이 맞추어져 있으므로 오른쪽 끝을 비교하면 ㉡이 가장 길고, ㉣이 가장 짧습니다.

㉡과 ㉢은 오른쪽 끝이 맞추어져 있으므로 왼쪽 끝을 비교하면 ㉡이 더 깁니다.

㉠과 ㉢을 눈으로 비교해 보면 ㉢이 더 짧고, ㉢과 ㉣을 눈으로 비교해 보면 ㉣이 더 짧습니다.

따라서 길이가 긴 것부터 차례로 기호를 쓰면 ㉡, ㉠, ㉢, ㉣이므로 가장 긴 것은 ㉡이고, 가장 짧은 것은 ㉣입니다.

서술형 6 귤, 키위, 사과

⑩ 사과는 귤보다 더 무겁고, 사과는 키위보다 더 무거우므로 사과가 가장 무겁습니다.

귤은 키위보다 더 가벼우므로 가벼운 과일부터 차례로 쓰면 귤, 키위, 사과입니다.

채점 기준	배점
두 과일씩 짝을 지어 무게를 비교했나요?	3점
세 과일의 무게를 비교했나요?	2점

다른 풀이

• 사과는 귤보다 더 무겁습니다.
• 사과는 키위보다 더 무겁습니다.
• 키위는 귤보다 더 무겁습니다.

가볍다 ← → 무겁다
사과
귤 키위

따라서 가벼운 과일부터 차례로 쓰면 귤, 키위, 사과입니다.

7 한규, 성원, 미주

성원이의 종이는 미주의 종이보다 더 넓습니다.

미주의 종이는 한규의 종이보다 더 좁으므로 한규의 종이가 미주의 종이보다 더 넓습니다.

성원이의 종이는 한규의 종이보다 더 좁으므로 한규의 종이가 성원이의 종이보다 더 넓습니다.

따라서 종이가 넓은 사람부터 차례로 쓰면 한규, 성원, 미주입니다.

8 혜수

학교에서 집까지 가는 길을 선으로 나타내 봅니다.

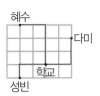

가장 짧은 선 1개의 길이를 1이라 하면 학교에서 혜수네 집까지의 거리는 5, 다미네 집까지의 거리는 4, 성빈이네 집까지의 거리는 3입니다.

따라서 학교에서 집까지 거리가 가장 먼 사람은 혜수입니다.

해결 전략

가까운 길로 가려면 돌아가지 않고 가장 짧은 길로 가야 합니다.

보충 개념

학교에서 집으로 가는 가장 가까운 길은 여러 가지 방법이 있지만 거리는 모두 같습니다.

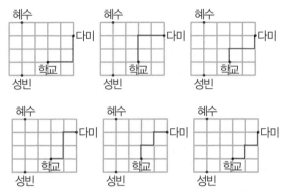

학교에서 다미네 집까지 가는 6가지 방법 모두 거리는 4입니다.

9 3개

구슬 1개를 넣으면 물의 높이가 2칸 높아집니다. 처음 물의 높이는 1칸이므로 물이 가득 차려면 5칸이 남습니다.

따라서 물이 넘치려면 적어도 구슬 3개를 넣어야 합니다.

10 5개

왼쪽 저울의 양쪽에서 모양 블록 1개씩을 덜어내면 ⬜=⚪⚪입니다. 오른쪽 저울에서 ⬜ 모양 블록 대신 ⚪ 모양 블록을 놓으면 🛢=⚪⚪⚪⚪⚪입니다.

따라서 🛢 모양 블록 1개의 무게는 ⚪ 모양 블록 5개의 무게와 같습니다.

다른 풀이

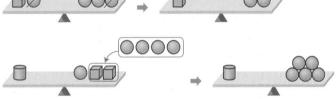

Brain 👍

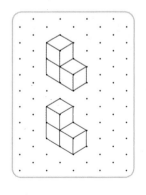

5 50까지의 수

1 10 알아보기, 십몇

1 풀이 참조 / 3

10이 되도록 ○를 그리면 그린 ○의 수는 3입니다.

2 1, 5 / 15

10개씩 묶음 1개와 낱개 5개는 15입니다.

3 10 / 8 / 예 4, 7

11은 다음과 같이 가르기할 수 있습니다.

11	1	2	3	4	5	6	7	8	9	10
	10	9	8	7	6	5	4	3	2	1

4 6개

10은 4보다 6만큼 더 큰 수입니다.
따라서 시우는 종이배를 6개 더 접어야 합니다.

5 ㉢

㉠, ㉡, ㉣, ㉤, ㉥ ➡ 10, ㉢ ➡ 9

2 50까지의 수

1 ④

① 36은 삼십육 또는 서른여섯으로 읽습니다.
② 23은 이십삼 또는 스물셋으로 읽습니다.
③ 47은 사십칠 또는 마흔일곱으로 읽습니다.
⑤ 31은 삼십일 또는 서른하나로 읽습니다.

2 (위에서부터) 5 / 4 / 38, 8

25 ➡ 10개씩 묶음 2개와 낱개 5개
40 ➡ 10개씩 묶음 4개와 낱개 0개
38 ➡ 10개씩 묶음 3개와 낱개 8개

3 ㉢

㉠, ㉡, ㉣ ➡ 34, ㉢ ➡ 43
따라서 나타내는 수가 다른 하나는 ㉢입니다.

4 3봉지

30은 10개씩 묶음이 3개입니다.
따라서 초콜릿 30개를 10개씩 봉지에 담으면 모두 3봉지가 됩니다.

5 24장

44장은 10장씩 묶음 4개와 낱개 4장이므로 남은 색종이는 10장씩 묶음
4−2=2(개)와 낱개 4장입니다.
따라서 남은 색종이는 24장입니다.

6 42

10개씩 묶음 3개와 낱개 12개인 수
➡ 10개씩 묶음 3+1=4(개)와 낱개 2개인 수
➡ 42

3 수의 순서, 두 수의 크기 비교

112~113쪽

1 (1) 17, 18, 19
   (2) 41, 38, 37

수의 순서에 맞게 빈칸에 알맞은 수를 써넣습니다.
(1) 15−16−17−18−19
(2) 41−40−39−38−37

해결 전략
수를 순서대로 쓰면 1씩 커지고, 수의 순서를 거꾸로 하여 쓰면 1씩 작아집니다.

2 (1) 19에 ○표
   (2) 23에 ○표

(1) 10개씩 묶음의 수가 다른 경우에는 10개씩 묶음의 수가 작을수록 더 작은 수입니다.
   ➡ 19는 41보다 작습니다.
(2) 10개씩 묶음의 수가 같은 경우에는 낱개의 수가 작을수록 더 작은 수입니다.
   ➡ 23은 26보다 작습니다.

3 2개

25보다 10개씩 묶음의 수가 크거나 또는 10개씩 묶음의 수가 같을 때는 낱개의 수가
크면 25보다 큰 수입니다.
따라서 25보다 큰 수는 29, 40으로 모두 2개입니다.

4 43

수 카드의 수를 큰 수부터 차례로 쓰면 4, 3, 1, 0입니다.
따라서 만들 수 있는 가장 큰 수는 43입니다.

해결 전략
가장 큰 몇십몇은 10개씩 묶음의 수에 가장 큰 수를, 낱개의 수에 둘째로 큰 수를 놓아 만듭니다.

5 6개

28보다 크고 35보다 작은 수는 29, 30, 31, 32, 33, 34로 모두 6개입니다.

주의
28보다 크고 35보다 작은 수에 28과 35는 포함되지 않습니다.

6 32

오른쪽으로 갈수록 낱개의 수가 3씩 커지는 규칙입니다.
14−17−20−23−26−29−32이므로 ㉠에 알맞은 수는 32입니다.

오른쪽으로 한 칸 갈 때마다 1씩 커지는 규칙이므로

■에 알맞은 수는 39입니다.

아래쪽으로 한 칸 갈 때마다 7씩 커지는 규칙이므로

●에 알맞은 수는 46입니다.

따라서 ●에 알맞은 수는 46입니다.

1-1 31

오른쪽으로 한 칸 갈 때마다 1씩 커지는 규칙입니다.

➡ ㉠에 알맞은 수는 30보다 1만큼 더 큰 수인 31입니다.

다른 풀이

아래쪽으로 한 칸 갈 때마다 8씩 커지는 규칙입니다.

➡ ㉠에 알맞은 수는 23보다 8만큼 더 큰 수인 31입니다.

서술형 **1-2** 40, 49

� 오른쪽으로 한 칸 갈 때마다 1씩 커지는 규칙이므로 ㉠에 알맞은 수는 37보다 3만큼 더 큰 수인 40입니다.

아래쪽으로 한 칸 갈 때마다 9씩 커지는 규칙이므로 ㉡에 알맞은 수는 40보다 9만큼 더 큰 수인 49입니다.

따라서 ㉠=40, ㉡=49입니다.

채점 기준	배점
수 배열표의 규칙을 찾았나요?	1점
㉠에 알맞은 수를 구했나요?	2점
㉡에 알맞은 수를 구했나요?	2점

1-3 41

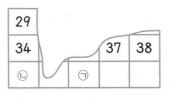

오른쪽으로 한 칸 갈 때마다 1씩 커지고, 아래쪽으로 한 칸 갈 때마다 5씩 커지는 규칙입니다.

따라서 ㉡에 알맞은 수는 34보다 5만큼 더 큰 수인 39이고, ㉠에 알맞은 수는 39보다 2만큼 더 큰 수인 41입니다.

34보다 큰 수는 35, 36, 37, 38, 39, 40, 41, ...입니다.

41보다 작은 수는 40, 39, 38, 37, 36, 35, 34, ...입니다.

따라서 ■에 들어갈 수 있는 수는 35, 36, 37, 38, 39, 40으로 모두 6개입니다.

2-1 20. 21. 22

19보다 큰 수는 ⑳, ㉑, ㉒, 23, ...입니다.
23보다 작은 수는 ㉒, ㉑, ⑳, 19, ...입니다.
따라서 □ 안에 들어갈 수 있는 수는 20, 21, 22입니다.

2-2 6개

45보다 작은 수는 ㊹, ㊸, ㊷, ㊶, ㊵, ㊴, 38, ...입니다.
38보다 큰 수는 ㊴, ㊵, ㊶, ㊷, ㊸, ㊹, 45, ...입니다.
따라서 □ 안에 들어갈 수 있는 수는 39, 40, 41, 42, 43, 44로 모두 6개입니다.

2-3 29

26은 □보다 작으므로 □은(는) 26보다 큽니다.
➡ 26보다 큰 수는 ㉗, ㉘, ㉙, ㉚, 31, ...입니다.
31은 □보다 크므로 □은(는) 31보다 작습니다.
➡ 31보다 작은 수는 ㉚, ㉙, ㉘, ㉗, 26, ...입니다.
따라서 □ 안에 들어갈 수 있는 수는 27, 28, 29, 30이므로 둘째로 큰 수는 29입니다.

2-4 2

□8에서 10개씩 묶음의 수는 3보다 작아야 하므로 □ 안에 들어갈 수 있는 수는 1, 2입니다.
□=1일 때 18보다 크고 31보다 작은 수는
19, 20, 21, 22, 23, 24, 25, 26, 27, 28, 29, 30으로 12개이므로 조건에 맞지 않습니다.
□=2일 때 28보다 크고 32보다 작은 수는 29, 30, 31로 3개이므로 조건에 맞습니다.
따라서 □ 안에 공통으로 들어갈 수 있는 수는 2입니다.

118~119쪽

10개씩 묶음 2개와 낱개 5개인 수는 25입니다.
10개씩 묶음 1개와 낱개 21개인 수는 10개씩 묶음 1+2=3(개)와 낱개 1개인 수와 같으므로 31입니다.
따라서 10개씩 묶음의 수를 비교하면 31이 25보다 크므로 밤을 더 많이 주운 사람은 형수입니다.

3-1 성규

10개씩 묶음 3개와 낱개 4개인 수는 34입니다.
따라서 10개씩 묶음의 수를 비교하면 34가 25보다 크므로 종이학을 더 많이 접은 사람은 성규입니다.

3-2 창수

10개씩 묶음 2개와 낱개 23개인 수는 10개씩 묶음 2+2=4(개)와 낱개 3개인 수와 같으므로 43입니다.

10개씩 묶음 3개와 낱개 11개인 수는 10개씩 묶음 3+1=4(개)와 낱개 1개인 수와 같으므로 41입니다.

따라서 낱개의 수를 비교하면 41이 43보다 작으므로 구슬을 더 적게 가지고 있는 사람은 창수입니다.

3-3 나 상자, 2권

10권씩 묶음 1개와 낱개 21권인 수는 10권씩 묶음 1+2=3(개)와 낱개 1권인 수와 같으므로 31권입니다.

10권씩 묶음 2개와 낱개 13권인 수는 10권씩 묶음 2+1=3(개)와 낱개 3권인 수와 같으므로 33권입니다.

따라서 33은 31보다 2만큼 더 큰 수이므로 나 상자에 공책이 2권 더 많이 들어 있습니다.

3-4 해주

현아는 10장씩 묶음 2개보다 4장 더 모았으므로 현아가 모은 칭찬 딱지는 10장씩 묶음 2개와 낱개 4장인 24장입니다.

슬기는 5장만 더 모으면 10장씩 묶음 3개가 되므로 슬기가 모은 칭찬 딱지는 10장씩 묶음 2개와 낱개 5장인 25장입니다.

해주가 모은 칭찬 딱지는 10장씩 묶음 3개이므로 30장입니다.

10장씩 묶음의 수를 비교하면 30이 24와 25보다 크므로 30이 가장 큽니다.

따라서 칭찬 딱지를 가장 많이 모은 사람은 30장을 모은 해주입니다.

120~121쪽

10자루씩 묶음 3개는 30자루입니다.

연필 23자루는 10자루씩 묶음 2개와 낱개 3자루입니다.

낱개의 수가 10자루가 되려면 연필이 7자루 더 있어야 합니다.

따라서 윤서가 가진 연필의 수와 같아지려면 인호는 연필이 7자루 더 있어야 합니다.

4-1 5개

달걀을 한 판에 10개씩 담아 5판을 만들려면 50개가 있어야 합니다.

달걀 45개는 10개씩 묶음 4개와 낱개 5개입니다.

낱개의 수가 10개가 되려면 달걀이 5개 더 있어야 합니다.

따라서 5판을 만들려면 달걀이 5개 더 있어야 합니다.

4-2 9개

10개씩 묶음 3개는 30개입니다.

구슬 21개는 10개씩 묶음 2개와 낱개 1개입니다.

낱개의 수가 10개가 되려면 구슬이 9개 더 있어야 합니다.

따라서 윤아가 가진 구슬의 수와 같아지려면 승해는 구슬이 9개 더 있어야 합니다.

4-3 서주, 2장

10장씩 묶음 4개는 40장입니다.

쿠폰 32장은 10장씩 묶음 3개와 낱개 2장이므로 낱개의 수가 10장이 되려면 쿠폰이 8장 더 있어야 합니다.

쿠폰 34장은 10장씩 묶음 3개와 낱개 4장이므로 낱개의 수가 10장이 되려면 쿠폰이 6장 더 있어야 합니다.

따라서 선물을 받기 위해서 더 모아야 하는 쿠폰은 서주가 $8-6=2$(장) 더 많습니다.

4-4 2개

청수가 가지고 있는 사탕은 10개씩 묶음 3개와 낱개 8개이므로 38개입니다.

현주와 청수가 가지고 있는 사탕의 10개씩 묶음의 수는 3으로 같으므로 낱개의 수를 같게 만들면 됩니다.

4와 8을 모으기하면 12가 되고 12는 6과 6으로 똑같이 가르기할 수 있으므로 현주와 청수는 각각 낱개 6개씩을 가지면 됩니다.

따라서 8은 6과 2로 가르기할 수 있으므로 청수가 현주에게 사탕을 2개 주어야 합니다.

▲▲는 10개씩 묶음의 수와 낱개의 수가 같으므로 22입니다. ➡ ▲=2

■▲에서 ▲에 2를 넣으면 ■2이므로 ■2=42입니다. ➡ ■=4

●■에서 ■에 4를 넣으면 ●4이므로 ●4=34입니다. ➡ ●=3
따라서 ●▲=32입니다.

5-1 1, 3, 2

■■는 10개씩 묶음의 수와 낱개의 수가 같으므로 11입니다. ➡ ■=1

▲■에서 ■에 1을 넣으면 ▲1이므로 ▲1=31입니다. ➡ ▲=3

●▲에서 ▲에 3을 넣으면 ●3이므로 ●3=23입니다. ➡ ●=2

해결 전략
10개씩 묶음의 수와 낱개의 수가 같은 모양과 수를 먼저 찾아봅니다.

5-2 31

●●는 10개씩 묶음의 수와 낱개의 수가 같으므로 44입니다. ➡ ●=4

●■에서 ●에 4를 넣으면 4■이므로 4■=41입니다. ➡ ■=1

■▲에서 ■에 1을 넣으면 1▲이므로 1▲=13입니다. ➡ ▲=3
따라서 ▲■=31입니다.

5-3 25

●★과 ●▲는 10개씩 묶음의 수가 같으므로 35 또는 37입니다.
■▲와 ●▲는 낱개의 수가 같으므로 27 또는 37입니다.
➡ ●▲는 공통된 수 37이고, ●★＝35, ■▲＝27이므로
　●＝3, ▲＝7, ★＝5, ■＝2입니다.
따라서 ■★＝25입니다.

28과 ㉠ 사이의 수가 7개이므로 29부터 7개의 수를 순서대로 쓰면
29, 30, 31, 32, 33, 34, 35입니다.

따라서 ㉠은 35 다음 수인 36입니다.

6-1 20

15와 ㉠ 사이의 수가 4개이므로 16부터 4개의 수를 순서대로 쓰면 16, 17, 18, 19입니다.
따라서 ㉠은 19 다음 수인 20입니다.

서술형 **6-2** 29

예 ㉠과 36 사이의 수가 6개이므로 35부터 6개의 수를 거꾸로 쓰면 35, 34, 33, 32, 31, 30입니다.
따라서 ㉠은 30 앞의 수인 29입니다.

채점 기준	배점
㉠과 36 사이의 6개의 수를 구했나요?	3점
㉠은 얼마인지 구했나요?	2점

6-3 19

18과 ㉠ 사이의 수가 3개이므로 19부터 3개의 수를 순서대로 쓰면 ⑲, 20, 21입니다.
㉡과 20 사이의 수가 4개이므로 19부터 4개의 수를 거꾸로 쓰면 ⑲, 18, 17, 16입니다.
따라서 공통인 수는 19입니다.

6-4 20, 38

수의 순서대로 29의 앞이나 뒤에 오는 수를 알아봅니다.
㉒ 21 22 23 24 25 26 27 28 ㉙ 30 31 32 33 34 35 36 37 ㊳
└──── 8개 ────┘　　└──── 8개 ────┘
따라서 ㉠이 될 수 있는 수는 20 또는 38입니다.

해결 전략
29보다 작을 때와 클 때의 ㉠을 각각 구합니다.

① 10개씩 묶음의 수와 낱개의 수의 합이 2인 수입니다. ➡ 단계1 합이 2인 수 찾기: 0과 2, 1과 1
단계2 몇십 또는 몇십몇 만들기: 20, 11

② 10개씩 묶음의 수와 낱개의 수가 같습니다. ➡ 단계3 단계2 에서 찾은 수 중 ②의 조건에 맞는 수 고르기: 11

따라서 조건을 만족하는 몇십 또는 몇십몇은 11입니다.

7-1 13, 22, 31, 40

10개씩 묶음의 수와 낱개의 수의 합이 4가 되는 경우는 0과 4, 1과 3, 2와 2입니다.
이 중 몇십 또는 몇십몇으로 나타낼 수 있는 수는 13, 22, 31, 40입니다.

해결 전략
몇십 또는 몇십몇으로 나타내려면 10개씩 묶음의 수가 0보다 커야 합니다.

7-2 32

10개씩 묶음의 수와 낱개의 수의 합이 5가 되는 경우는 0과 5, 1과 4, 2와 3이므로
몇십 또는 몇십몇으로 나타낼 수 있는 수는 14, 23, 32, 41, 50입니다.
이 중 10개씩 묶음의 수가 낱개의 수보다 큰 것은 32, 41, 50이므로 가장 작은 수는
32입니다.

7-3 2개

10개씩 묶음의 수와 낱개의 수의 합이 7이 되는 경우는 0과 7, 1과 6, 2와 5, 3과 4
입니다.
이 중 10개씩 묶음의 수와 낱개의 수의 차가 1인 수는 3과 4입니다.
따라서 3과 4로 만들 수 있는 수는 34, 43으로 모두 2개입니다.

7-4 26

20과 40 사이의 수는 10개씩 묶음의 수가 2 또는 3입니다.
10개씩 묶음의 수와 낱개의 수의 합이 8인 수는 26, 35입니다.
이 중 낱개의 수가 10개씩 묶음의 수보다 4만큼 더 큰 수는 26입니다.

40보다 작은 수는 10개씩 묶음의 수가 2 또는 3일 때입니다.
• 10개씩 묶음의 수가 2일 때 만들 수 있는 수: 20, 23, 24
• 10개씩 묶음의 수가 3일 때 만들 수 있는 수: 30, 32, 34
따라서 만들 수 있는 수 중에서 40보다 작은 수는 모두 6개입니다.

8-1 10. 12. 13. 20. 21. 23

30보다 작은 수는 10개씩 묶음의 수가 1 또는 2일 때입니다.
· 10개씩 묶음의 수가 1일 때 만들 수 있는 수: 10, 12, 13
· 10개씩 묶음의 수가 2일 때 만들 수 있는 수: 20, 21, 23
따라서 만들 수 있는 수 중에서 30보다 작은 수는 10, 12, 13, 20, 21, 23입니다.

서술형 **8-2** 5개

⑩ 20보다 큰 수는 10개씩 묶음의 수가 2 또는 4일 때입니다. 10개씩 묶음의 수가 2일 때 만들 수 있는 수는 20, 21, 24이고, 10개씩 묶음의 수가 4일 때 만들 수 있는 수는 40, 41, 42입니다.
따라서 만들 수 있는 수 중에서 20보다 큰 수는 21, 24, 40, 41, 42로 모두 5개입니다.

채점 기준	배점
20보다 큰 수일 때 10개씩 묶음의 수를 구했나요?	2점
만들 수 있는 수 중에서 20보다 큰 수는 모두 몇 개인지 구했나요?	3점

8-3 6개

34보다 작은 수는 10개씩 묶음의 수가 2 또는 3일 때입니다.
· 10개씩 묶음의 수가 2일 때 만들 수 있는 수: 20, 23, 27, 29
· 10개씩 묶음의 수가 3일 때 만들 수 있는 수: 30, 32, 37, 39
따라서 만들 수 있는 수 중에서 34보다 작은 수는 20, 23, 27, 29, 30, 32로 모두 6개입니다.

8-4 12개

20보다 크고 35보다 작은 수는 10개씩 묶음의 수가 2 또는 3일 때입니다.
· 10개씩 묶음의 수가 2일 때 만들 수 있는 수: 20, 21, 23, 24, 25, 26, 27, 28, 29
· 10개씩 묶음의 수가 3일 때 만들 수 있는 수: 30, 31, 32, 34, 35, 36, 37, 38, 39
따라서 만들 수 있는 수 중에서 20보다 크고 35보다 작은 수는 21, 23, 24, 25, 26, 27, 28, 29, 30, 31, 32, 34로 모두 12개입니다.

다른 풀이
20보다 크고 35보다 작은 수는 21, 22, 23, 24, 25, 26, 27, 28, 29, 30, 31, 32, 33, 34입니다.
이 중 22와 33은 같은 수 카드 2장으로 만들어야 하므로 주어진 수 카드로 만들 수 없습니다.
따라서 20보다 크고 35보다 작은 수 중에서 만들 수 있는 수는 21, 23, 24, 25, 26, 27, 28, 29, 30, 31, 32, 34로 모두 12개입니다.

1 (왼쪽에서부터) 10. 13

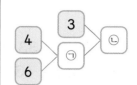

4와 6을 모으기하면 10이 되므로 ㉠=10입니다.
3과 10을 모으기하면 13이 되므로 ㉡=13입니다.

2 6. 6 / 예 5. 7

• 사탕 12개를 파란색 봉지 사탕 6개와 빨간색 봉지 사탕 6개로 가르기할 수 있습니다.
• 사탕 12개를 점무늬 봉지 사탕 5개와 줄무늬 봉지 사탕 7개로 가르기할 수 있습니다.

해결 전략

같은 색깔을 기준으로 가르기를 할 때에는 무늬는 생각하지 않고, 같은 무늬를 기준으로 가르기를 할 때에는 색깔은 생각하지 않습니다.

서술형
3 8개

예 16은 1과 15, 2와 14, 3과 13, 4와 12, 5와 11, 6과 10, 7과 9, 8과 8로 가르기할 수 있습니다.
따라서 똑같이 나누어 먹으려면 한 사람이 초콜릿을 8개씩 먹으면 됩니다.

채점 기준	배점
여러 가지 방법으로 16을 두 수로 가르기했나요?	3점
가르기한 두 수를 보고 한 사람이 몇 개씩 먹으면 되는지 구했나요?	2점

4 47. 38. 35

보기 의 규칙은 오른쪽으로 갈수록 3씩 작아지는 규칙입니다.
처음 수에서 3만큼 더 작은 수가 44이므로 처음 수는 44보다 3만큼 더 큰 수인 47이고, 41보다 3만큼 더 작은 수는 38, 38보다 3만큼 더 작은 수는 35입니다.

5 1. 2. 3

□5는 42보다 작아야 하므로 □는 4보다 작아야 합니다.
따라서 □ 안에 들어갈 수 있는 수는 1, 2, 3입니다.

해결 전략

10개씩 묶음의 수가 작을수록 작은 수입니다.

서술형
6 6명

예 연우는 뒤에서 다섯째에 서 있으므로 앞에서 26째에 서 있습니다.
19와 26 사이의 수는 20, 21, 22, 23, 24, 25이므로 혜미와 연우 사이에는 6명이 서 있습니다.

채점 기준	배점
연우가 앞에서 몇째에 서 있는지 구했나요?	2점
혜미와 연우 사이에는 몇 명이 서 있는지 구했나요?	3점

7 14개

37은 10개씩 묶음 3개와 낱개 7개입니다.
남은 귤은 10개씩 묶음 3−2=1(개)와 낱개 7−3=4(개)이므로 14개입니다.

8 3장

한 장은 두 쪽이므로 둘씩 짝을 지어 보면 36, 37, 38, 39, 40, 41, 42, 43입니다.
따라서 책은 3장이 찢어졌습니다.

9 15번

1부터 50까지의 수를 한 번씩 썼을 때
10개씩 묶음의 수에 3을 쓰는 경우는 30, 31, 32, 33, 34, 35, 36, 37, 38, 39
이고, 낱개의 수에 3을 쓰는 경우는 3, 13, 23, 33, 43입니다.
따라서 숫자 3은 모두 15번 씁니다.

10 초록색

• 10개씩 묶음의 수가 클수록 큰 수입니다.
  ➡ 주황색 색종이가 가장 많고, 빨간색 색종이가 가장 적습니다.
• 10개씩 묶음의 수가 같을 때에는 낱개의 수를 비교합니다.
  ➡ 색종이의 수는 모두 다르므로 초록색 색종이 수의 🟫 부분은 9가 될 수 없습니다.
    파란색 색종이가 초록색 색종이보다 많습니다.
따라서 색종이가 많은 순서대로 색종이 색깔을 써 보면 주황색, 파란색, 초록색, 빨간색
이므로 셋째로 많이 가지고 있는 색종이 색깔은 초록색입니다.

11 36

20보다 크고 40보다 작은 수 ■▲에서 ■는 2 또는 3입니다.
■▲ 중에서 ▲가 ■보다 3만큼 더 큰 수는 25, 36입니다.
따라서 ■와 ▲의 합이 9인 수는 36입니다.

Brain👍

0, 1

1 9까지의 수

1 하나, 일곱

수로 나타내면 일곱 → 7, 오 → 5, 하나 → 1, 삼 → 3이므로 7, 6, 5, 1, 3입니다.
주어진 수를 작은 수부터 늘어놓으면 1, 3, 5, 6, 7입니다.
따라서 가장 작은 수는 1(하나)이고, 가장 큰 수는 7(일곱)입니다.

2 8

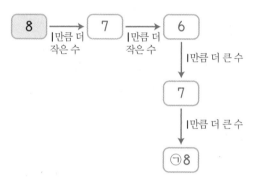

규칙 에 따라 빈칸에 알맞은 수를 써넣으면 ㉠에 알맞은 수는 8입니다.

3 8명

상황을 그림으로 나타내 봅니다.

따라서 줄을 서 있는 사람은 모두 8명입니다.

4 7

♥를 제외하고 수 카드를 작은 수부터 늘어놓으면 3, 4, 5, 6, 8입니다.
연속하는 수가 되려면 ♥는 6과 8 사이에 놓여야 합니다.
3, 4, 5, 6, ♥, 8이므로 ♥에 알맞은 수는 7입니다.
따라서 오른쪽에서 둘째에 있는 수는 7입니다.

5 2층

민수가 사는 층수를 그림을 그려 나타낸 후, 다른 친구들이 몇 층에 사는지 알아봅니다.

• 민수보다 아래층에 세 사람이 산다고 했으므로 민수는 4층에 삽니다.
• 지혜는 민수보다 3층 아래에 산다고 했으므로 4보다 3만큼 더 작은 수인 1층에 삽니다.
• 기호는 지혜보다 2층 위에 산다고 했으므로 1보다 2만큼 더 큰 수인 3층에 삽니다.
따라서 현주는 2층에 삽니다.

6 나 상자, 2개

배 2개를 옮기면 한 상자는 배가 2개 늘어나고, 다른 한 상자는 배가 2개 줄어들어 4개의 차이가 생기므로 배의 수의 차이가 4만큼 나는 상자를 찾아보면 가 상자와 나 상자입니다.

가 상자: ◯ ⦿ ⦿

나 상자: ◯ ◯ ◯ ◯ ◯

다 상자: ◯ ◯ ◯

따라서 나 상자에서 가 상자로 배를 2개 옮기면 세 상자에 담긴 배의 수는 모두 3개로 같아집니다.

7 지수, 8개

• 동우는 9보다 2만큼 더 작은 수인 7개를 가지고 있습니다.

• 성태는 7보다 3만큼 더 작은 수인 4개를 가지고 있습니다.

• 지수는 4보다 4만큼 더 큰 수인 8개를 가지고 있습니다.

따라서 8>7>4이므로 구슬을 가장 많이 가지고 있는 학생은 지수이고 가진 구슬은 8개입니다.

1 4개

축구공의 수는 농구공의 수보다 1만큼 더 큰 수이므로 축구공이 농구공보다 1개 더 많습니다. 그림으로 나타내면 축구공은 4개, 농구공은 3개입니다.

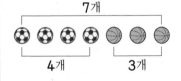

2 8명

상황을 그림으로 나타내 봅니다.

넷째 셋째 둘째 첫째
(앞) ◯ ◯ ◯ ◯ ⬤ ◯ ◯ ◯ (뒤)
시후
첫째 둘째 셋째 넷째 다섯째

따라서 버스 정류장에 서 있는 어린이는 모두 8명입니다.

서술형 **3** 3

예 수 카드를 큰 수부터 순서대로 늘어놓으면 9, 7, 5, 3, 2입니다.

따라서 왼쪽에서 넷째에 놓이는 수는 3입니다.

채점 기준	배점
수 카드를 큰 수부터 순서대로 늘어놓았나요?	3점
왼쪽에서 넷째에 놓이는 수를 구했나요?	2점

4 2개

혜지: ○ ○ ○ ○ ○ ○ ○ ○
영미: ○ ○ ○ ○ ○ ◌ ◌

하나씩 짝을 지으면 혜지의 사탕이 **4**개 남습니다.
따라서 혜지는 영미에게 **4**개의 반인 **2**개를 주어야 합니다.

5 3, 4

2부터 **8**까지의 수를 순서대로 쓰면 ②, 3, 4, 5, 6, 7, ⑧이므로 2와 8 사이에 있는
수는 **3, 4, 5, 6, 7**입니다.
3, 4, 5, 6, 7 중에서 **5**보다 작은 수는 **5**보다 왼쪽에 놓이는 수이므로 **3, 4**입니다.
따라서 두 조건을 만족하는 수는 **3, 4**입니다.

주의
2와 8 사이의 수에 2와 8은 포함되지 않습니다.

---

6 5명

상황을 그림으로 나타내 봅니다.

(앞) ○ ○ ○ ● ○ ○ ○ (뒤)
　　　　　　　태호

(앞) ○ ● ○ ○ ○ ○ ○ (뒤)
　　　태호

따라서 태호 뒤에서 자전거를 타는 학생은 **5**명입니다.

7 7, 8

☐은(는) **9**보다 작습니다. ➡ ☐ 안에 들어갈 수 있는 수는 Ⅰ, 2, 3, 4, 5, 6, ⑦, ⑧입
니다.
☐은(는) **6**보다 큽니다. ➡ ☐ 안에 들어갈 수 있는 수는 ⑦, ⑧, 9입니다.
따라서 ☐ 안에 공통으로 들어갈 수 있는 수는 **7, 8**입니다.

8 2계단

혁수가 Ⅰ번 이기고 **3**번 졌으므로 올라간 계단 수는 **2 → Ⅰ → Ⅰ → Ⅰ**에서 **5**계단입
니다.
윤아는 Ⅰ번 지고 **3**번 이겼으므로 올라간 계단 수는 **Ⅰ → 2 → 2 → 2**에서 **7**계단입
니다.
따라서 **5, 6, 7**이므로 혁수는 윤아보다 **2**계단 아래에 있습니다.

9 진규

조건에 맞게 서 있는 순서대로 이름을 쓰면 다음과 같습니다.
(앞) 하주 은아 진규 승우 강두 (뒤)
따라서 앞에서 셋째에 서 있는 학생은 **진규**입니다.

10 5가지

Ⅰ이 빠지는 경우: (5, 4, 3, 2)
2가 빠지는 경우: (5, 4, 3, Ⅰ)
3이 빠지는 경우: (5, 4, 2, Ⅰ)

4가 빠지는 경우: (5, 3, 2, 1)
5가 빠지는 경우: (4, 3, 2, 1)
따라서 모두 **5**가지입니다.

2 여러 가지 모양

1 미나

가 ➡ ▱ 모양: 3개, ▢ 모양: 1개, ◯ 모양: 2개
나 ➡ ▱ 모양: 2개, ▢ 모양: 3개, ◯ 모양: 1개

• 미나: 1이 3보다 작으므로 ▢ 모양은 가보다 나에 더 많습니다.

• 석우: 3이 2보다 크므로 ▱ 모양은 나보다 가에 더 많습니다.

따라서 바르게 설명한 사람은 미나입니다.

2 ▢에 ◯표, 5개

왼쪽 모양 ➡ ▱ 모양: 6개, ◯ 모양: 3개
오른쪽 모양 ➡ ▢ 모양: 3개, ▢ 모양: 5개, ◯ 모양: 1개

따라서 두 모양을 만드는 데 공통으로 이용하지 않은 모양은 ▢ 모양이고, 5개를 이용했습니다.

3 ⓒ, ⓔ

색칠된 부분은 둥근 부분이 있는 모양 중 평평한 부분이 없는 모양입니다.

둥근 부분이 있는 모양은 ◯ 모양, ▢ 모양이고, 이 중에서 평평한 부분이 없는 모양은 ◯ 모양입니다.

따라서 색칠된 부분에 들어갈 수 있는 물건은 ⓒ, ⓔ입니다.

4 3개

위에서 보았을 때 ■ 모양, 옆에서 보았을 때 ■ 모양으로 보이는 모양은 ▱ 모양입니다.
따라서 오른쪽 모양을 만드는 데 이용한 ▱ 모양을 세어 보면 3개입니다.

보충 개념

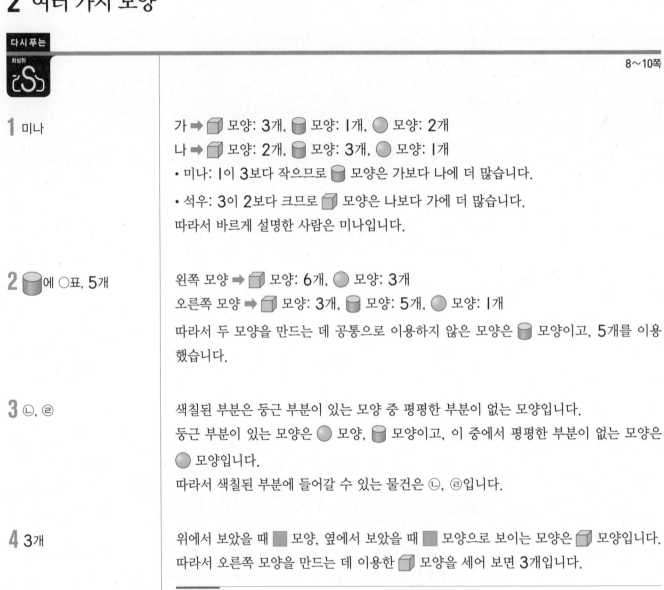

---

5 가

왼쪽 모양 ➡ ▢ 모양: 2개, ⬭ 모양: 6개, ● 모양: 2개
가 ➡ ▢ 모양: 2개, ⬭ 모양: 6개, ● 모양: 2개
나 ➡ ▢ 모양: 3개, ⬭ 모양: 5개, ● 모양: 2개
따라서 왼쪽 모양을 만드는 데 이용한 모든 모양을 이용하여 만든 모양은 가입니다.

6 나

눕히면 잘 굴러가는 모양은 ⬭ 모양, 위, 앞, 옆의 어느 방향에서 보아도 ■ 모양인 모양은 ▢ 모양, 어느 방향으로도 잘 굴러가는 모양은 ● 모양입니다.
따라서 설명대로 만든 모양은 나입니다.

7 7개

평평한 부분이 있는 모양은 ▢ 모양과 ⬭ 모양이고, 평평한 부분이 없는 모양은 ● 모양입니다.
따라서 ▢ 모양은 5개, ⬭ 모양은 2개이므로 평평한 부분이 있는 모양은 모두 7개입니다.

8 5개

오른쪽 모양을 만들려면 ▢ 모양은 4개, ⬭ 모양은 1개, ● 모양은 2개 필요합니다.
가지고 있는 모양은 ⬭ 모양이 4개 남았으므로 ⬭ 모양은 1보다 4만큼 더 큰 5개, ● 모양이 1개 남았으므로 ● 모양은 2보다 1만큼 더 큰 3개입니다.
따라서 가지고 있는 ▢ 모양은 4개, ⬭ 모양은 5개, ● 모양은 3개이므로 가장 많은 모양은 ⬭ 모양으로 5개입니다.

1 예 수박, 농구공

두부, 선물 상자는 ▢ 모양이고, 보온병, 통조림 캔, 휴지통은 ⬭ 모양이므로 없는 모양은 ● 모양입니다.
● 모양의 물건은 수박, 농구공, 털실 뭉치, 구슬 등입니다.

2 ㉢, ㉣

주어진 모양은 ▢ 모양입니다. ▢ 모양은 뾰족한 부분과 평평한 부분이 있고 잘 쌓을 수 있으며 어느 방향으로도 잘 굴러가지 않습니다.
따라서 바르게 설명한 것은 ㉢, ㉣입니다.

3 다

가 ➡ ▢ 모양: 1개, ⬭ 모양: 4개, ● 모양: 2개
나 ➡ ▢ 모양: 2개, ⬭ 모양: 2개, ● 모양: 3개
다 ➡ ▢ 모양: 3개, ⬭ 모양: 2개, ● 모양: 2개
따라서 ▢ 모양 3개, ⬭ 모양 2개, ● 모양 2개로 만든 모양은 다입니다.

4 4개
　　예) ▢ 모양은 **2**개, ▯ 모양은 **6**개, ○ 모양은 **4**개 이용했습니다.

따라서 가장 많이 이용한 모양은 ▯ 모양이고 가장 적게 이용한 모양은 ▢ 모양이므로

▯ 모양은 ▢ 모양보다 **4**개 더 많이 이용했습니다.

채점 기준	배점
모양을 만드는 데 이용한 ▢, ▯, ○ 모양의 개수를 각각 구했나요?	3점
가장 많이 이용한 모양은 가장 적게 이용한 모양보다 몇 개 더 많이 이용했는지 구했나요?	2점

5 3개
　　보이는 모양은 뾰족한 부분이 있습니다.

따라서 이것과 같은 모양의 물건을 찾으면 자, 초콜릿, 삼각 김밥으로 모두 **3**개입니다.

6 다
　　주어진 모양 ➡ ▢ 모양: **3**개, ▯ 모양: **4**개, ○ 모양: **2**개

가 ➡ ▢ 모양: **4**개, ▯ 모양: **4**개, ○ 모양: **1**개

나 ➡ ▢ 모양: **3**개, ▯ 모양: **3**개, ○ 모양: **3**개

다 ➡ ▢ 모양: **3**개, ▯ 모양: **4**개, ○ 모양: **2**개

따라서 주어진 모양을 모두 이용하여 만든 것은 다입니다.

7 0개
　　위에서 보면 ● 모양인 것은 ▯ 모양과 ○ 모양입니다.

이 중에서 쌓을 수 없는 모양은 ○ 모양입니다.

따라서 설명하는 모양에는 평평한 부분이 **0**개 있습니다.

8 채웅
　　가 ➡ ▢ 모양: **2**개, ▯ 모양: **7**개, ○ 모양: **2**개

나 ➡ ▢ 모양: **4**개, ▯ 모양: **3**개, ○ 모양: **2**개

• 송이: **7**이 **3**보다 크므로 ▯ 모양은 나보다 가에 더 많습니다.

• 서빈: ○ 모양은 가와 나에 모두 **2**개로 같은 수만큼 있습니다.

• 채웅: **2**보다 **4**가 크므로 ▢ 모양은 가보다 나에 더 많습니다.

따라서 잘못 설명한 사람은 채웅입니다.

9 ▢에 ○표, 빨간색
　　모양은 ▯, ▢, ▢, ○이 반복되고, 색깔은 빨간색, 초록색, 노란색이 반복되는 규칙입니다.

따라서 빈칸에 들어갈 모양은 ▢ 모양이고, 빨간색입니다.

3 덧셈과 뺄셈

1 3

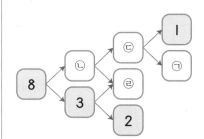

8은 3과 5로 가르기할 수 있으므로 ⓒ=5입니다.
3은 2와 1로 가르기할 수 있으므로 ⓔ=1입니다.
5는 1과 4로 가르기할 수 있으므로 ⓓ=4입니다.
4는 1과 3으로 가르기할 수 있으므로 ⓐ=3입니다.

2 4+3+2, 5+1+3
/ 6

・4+3+2=5, 4+3+2=6, 4+3+2=7
・5+1+3=4, 5+1+3=8, 5+1+3=6
각 식에서 하나의 수를 지워 두 식의 합이 같을 때는 합이 6일 때입니다.
따라서 왼쪽 식에서 3에, 오른쪽 식에서 3에 각각 ×로 표시하고, 이때의 합은 6입니다.

3 2개

차가 2인 뺄셈식은 6−4=2, 9−7=2로 모두 2개입니다.

4 1, 4

보이지 않는 두 수와 3의 합이 8이므로 보이지 않는 두 수의 합은 8−3=5입니다.
모으기하여 5가 되는 두 수는 1과 4, 2와 3, 3과 2, 4와 1이고 이 중 두 수의 차가 3인 경우는 1과 4, 4와 1입니다.
따라서 보이지 않는 두 수는 1과 4입니다.

5 4

첫째 조건에서 ♥=7입니다.
둘째 조건에서 7은 4와 3으로 가르기할 수 있으므로 ⊙=4입니다.

6 3장

(전체 색종이 수)=5+2=7(장)
색종이 1장이 남았으므로 두 사람이 나누어 가진 색종이는 7−1=6(장)입니다.
6은 똑같은 두 수 3과 3으로 가르기할 수 있으므로 한 사람이 색종이를 3장 가졌습니다.

다른 풀이
그림으로 알아봅니다.

나누어 가진 색종이 수
따라서 한 사람이 색종이를 3장 가졌습니다.

7 1 2 3 5 6 7, 8

합이 모두 같은 경우는 1+7=8, 2+6=8, 3+5=8입니다.
1과 7, 2와 6, 3과 5를 선으로 연결하고, 이때의 두 수의 합은 8입니다.

8 3. 5. 2

한 가지 모양으로 된 식 ♥＋♥＝6에서 ♥가 나타내는 수를 먼저 구할 수 있습니다.

♥＋♥＝6에서 3＋3＝6이므로 ♥＝3입니다.

♠－♥＝2에서 ♠－3＝2이므로 ♠＝2＋3, ♠＝5입니다.

♣＋♥＝♠에서 ♣＋3＝5이므로 ♣＝5－3, ♣＝2입니다.

1 (위에서부터) 2. 4. 6

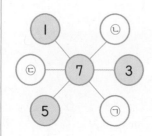

7은 1과 6으로 가르기할 수 있고 1과 6을 모으기하면 7이므로 ㉠＝6입니다.

7은 5와 2로 가르기할 수 있고 5와 2를 모으기하면 7이므로 ㉡＝2입니다.

7은 3과 4로 가르기할 수 있고 3과 4를 모으기하면 7이므로 ㉢＝4입니다.

2 4가지

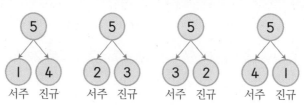

따라서 과자 5개를 남김없이 나누어 먹는 방법은 모두 4가지입니다.

3 3

5＋3과 3＋♥의 계산 결과는 같고, 5＋3＝3＋5이므로 ♥＝5입니다.

5＋3＝8이므로 ★＝8입니다.

따라서 ★－♥＝8－5＝3입니다.

해결 전략

두 수를 바꾸어 더해도 그 값은 같습니다. ➡ ■＋▲＝●, ▲＋■＝●

서술형 **4** 8개

㉘ 지우가 접은 딱지는 3＋2＝5(개)입니다.

따라서 연주와 지우가 접은 딱지는 모두 3＋5＝8(개)입니다.

채점 기준	배점
지우가 접은 딱지의 개수를 구했나요?	2점
연주와 지우가 접은 딱지는 모두 몇 개인지 구했나요?	3점

5 1. 2. 3

3－2＝1, 4－2＝2, 5－2＝3, 4－3＝1, 5－3＝2, 5－4＝1

따라서 서로 다른 차는 1, 2, 3입니다.

6 1

(어떤 수)＋3＝7 ➡ (어떤 수)＝7－3, (어떤 수)＝4

따라서 어떤 수가 4이므로 바르게 계산하면 4－3＝1입니다.

예 2는 I과 I로 가르기할 수 있고, 4는 2와 2로 가르기할 수 있고, 6은 3과 3으로 가르기할 수 있고, 8은 4와 4로 가르기할 수 있습니다.

따라서 똑같은 두 수로 가르기할 수 있는 수는 2, 4, 6, 8이므로 똑같은 두 수로 가르기할 수 없는 수는 3, 5, 7, 9로 모두 4개입니다.

채점 기준	배점
똑같은 두 수로 가르기할 수 있는 수를 구했나요?	2점
똑같은 두 수로 가르기할 수 없는 수를 구했나요?	2점
똑같은 두 수로 가르기할 수 없는 수는 모두 몇 개인지 구했나요?	I점

해결 전략
똑같은 두 수로 가르기할 수 있는 수를 알아봅니다.

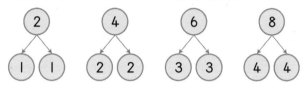

8 8개

다혜에게 남은 사탕이 **4**개이면 진우에게 준 사탕도 **4**개입니다.

따라서 다혜가 처음에 가지고 있던 사탕은 모두 **4+4=8**(개)입니다.

9 2

㉠이 I, 2일 때의 경우를 각각 알아봅니다.

・㉠=I일 때 　　　・㉠=2일 때

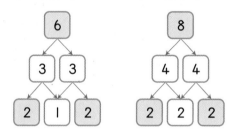

따라서 조건에 맞을 때는 ㉠=2일 때입니다.

10 3자루

연수가 민주보다 지우개를 더 많이 가지는 방법은 다음 중 한 가지입니다.

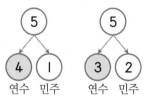

민주가 연수보다 연필을 더 많이 가지는 방법은 다음 중 한 가지입니다.

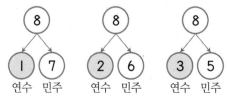

따라서 연수가 가지려는 지우개와 연필의 수가 같을 때는 3이므로 연수가 가지려는 연필은 3자루입니다.

4 비교하기

1 가

굵기가 같은 나무 막대에 끈을 감았을 때에는 가장 많이 감은 끈의 길이가 가장 깁니다.
끈을 감은 횟수가 가는 5번, 나는 4번, 다는 6번이므로 감은 끈의 길이가 긴 것부터 차례로 기호를 쓰면 다, 가, 나입니다.
따라서 끈의 길이가 둘째로 긴 것은 가입니다.

2 나, 가, 다

그릇의 크기가 클수록 물통에 남는 물의 양은 적어집니다.
가장 큰 그릇을 채운 물통의 물이 가장 적게 남게 되므로 나, 가, 다 순서로 통에 물이 적게 남습니다.

3 유이, 단우, 민수

똑같은 크기의 도화지를 잘랐으므로 조각 수가 많을수록 한 조각의 넓이가 더 좁습니다.
따라서 자른 한 조각의 넓이가 좁은 사람부터 차례로 쓰면 유이, 단우, 민수입니다.

4 복숭아

- 복숭아가 오렌지보다 더 무겁습니다. ⋯⋯⋯⋯⋯⋯⋯⋯⋯⋯⋯⋯⋯ 오렌지   복숭아
- 오렌지가 키위보다 더 무겁습니다. ⋯⋯⋯⋯⋯⋯⋯⋯⋯⋯⋯⋯⋯ 키위   오렌지
- 키위가 귤보다 더 무겁습니다. ⋯⋯⋯⋯⋯⋯⋯⋯⋯⋯⋯⋯⋯ 귤   키위

따라서 무거운 과일부터 차례로 쓰면 복숭아, 오렌지, 키위, 귤이므로 가장 무거운 과일은 복숭아입니다.

5 나, 가, 다

주어진 모양을 ▲ 모양, ■ 모양으로 나누어 보면 다음과 같습니다.

가   나   다

▲ 모양은 모두 2개씩 있으므로 ■ 모양의 개수를 세어 넓이를 비교해 봅니다.

■ 모양의 개수가 가: 3개, 나: 2개, 다: 4개이므로 좁은 것부터 차례로 기호를 쓰면 나, 가, 다입니다.

6 희주

영호가 사는 층을 기준으로 그림으로 나타내 해결해 봅니다.

| 5층 희주 |
| 4층 |
| 3층 현수 |
| 2층 영호 |
| 1층 |

따라서 가장 높은 층에 사는 사람은 희주입니다.

7 파란색 구슬

왼쪽 저울에서 초록색 구슬 2개의 무게와 빨간색 구슬 1개의 무게가 같으므로 한 개의 무게는 빨간색 구슬이 초록색 구슬보다 더 무겁습니다.

오른쪽 저울에서 초록색 구슬 1개와 빨간색 구슬 1개의 무게의 합은 파란색 구슬 1개의 무게와 같으므로 한 개의 무게는 파란색 구슬이 빨간색 구슬보다 더 무겁습니다.

따라서 무거운 구슬부터 차례로 쓰면 파란색 구슬, 빨간색 구슬, 초록색 구슬이므로 가장 무거운 구슬은 파란색 구슬입니다.

8 다 그릇

나 그릇에 물을 가득 채워서 가와 다 그릇에 각각 부으면 두 그릇에 물이 모두 넘치므로 나 그릇에 물을 가장 많이 담을 수 있습니다.

다 그릇에 물을 가득 채워서 가 그릇에 2번 부으면 가득 차므로 다 그릇보다 가 그릇에 물을 더 많이 담을 수 있습니다.

따라서 물을 많이 담을 수 있는 그릇부터 차례로 기호를 쓰면 나, 가, 다이므로 물을 가장 적게 담을 수 있는 그릇은 다 그릇입니다.

다시 푸는

M A T H
MASTER

23~25쪽

1 가, 나

고무줄이 길게 늘어나는 상자일수록 더 무겁습니다.

따라서 고무줄이 길게 늘어난 것부터 차례로 기호를 쓰면 가, 다, 나이므로 가장 무거운 상자는 가, 가장 가벼운 상자는 나입니다.

해결 전략
물건이 무거울수록 고무줄의 길이가 더 길게 늘어납니다.

2 주전자

물을 부은 횟수가 같으므로 그릇의 크기가 더 작은 가 그릇으로 부은 물의 양이 더 적습니다.

따라서 주전자에 담을 수 있는 물의 양이 더 적습니다.

3 ㉠

예 칸 수를 세어 넓이를 비교해 봅니다.
㉠은 7칸이고 ㉡은 8칸입니다.

따라서 칸 수가 적을수록 더 좁으므로 ㉠이 더 좁습니다.

채점 기준	배점
㉠과 ㉡은 각각 몇 칸인지 세었나요?	3점
㉠과 ㉡ 중 더 좁은 것을 찾았나요?	2점

4 주황색

아래쪽 끝이 맞추어져 있으므로 위쪽을 비교합니다.

위쪽에 있는 풍선부터 차례로 쓰면 노란색 풍선, 파란색 풍선, 주황색 풍선, 빨간색 풍선입니다.

따라서 셋째로 높은 곳에 있는 풍선의 색깔은 주황색입니다.

5 ㉠, ㉡

㉠, ㉡, ㉣은 오른쪽 끝이 맞추어져 있으므로 왼쪽 끝을 비교하면 ㉠이 가장 길고, ㉡이 가장 짧습니다.

㉠과 ㉢은 왼쪽 끝이 맞추어져 있으므로 오른쪽 끝을 비교하면 ㉠이 더 깁니다.

㉡과 ㉢을 눈으로 비교해 보면 ㉡이 더 짧고, ㉢과 ㉣을 눈으로 비교해 보면 ㉣이 더 짧습니다.

따라서 길이가 긴 것부터 차례로 기호를 쓰면 ㉠, ㉢, ㉣, ㉡이므로 가장 긴 것은 ㉠이고, 가장 짧은 것은 ㉡입니다.

서술형 **6** 우진, 진주, 은서

예 우진이는 진주보다 더 무겁고, 은서보다도 더 무거우므로 우진이가 가장 무겁습니다. 진주는 은서보다 더 무거우므로 무거운 사람부터 차례로 쓰면 우진, 진주, 은서입니다.

채점 기준	배점
두 명씩 짝을 지어 무게를 비교했나요?	3점
세 사람의 무게를 비교했나요?	2점

다른 풀이

- 우진이는 진주보다 더 무겁습니다.
- 우진이는 은서보다 더 무겁습니다.
- 진주는 은서보다 더 무겁습니다.

가볍다 ← → 무겁다
　　　　　　　　우진
　　　은서　진주

따라서 무거운 사람부터 차례로 쓰면 우진, 진주, 은서입니다.

7 고구마, 감자, 옥수수

감자를 심은 밭이 옥수수를 심은 밭보다 더 넓으므로 넓은 부분에 심은 것부터 차례로 쓰면 감자, 옥수수입니다.

고구마를 심은 밭이 옥수수를 심은 밭보다 더 넓으므로 넓은 부분에 심은 것부터 차례로 쓰면 고구마, 옥수수입니다.

감자를 심은 밭이 고구마를 심은 밭보다 더 좁으므로 넓은 부분에 심은 것부터 차례로 쓰면 고구마, 감자입니다.

따라서 넓은 부분에 심은 것부터 차례로 쓰면 고구마, 감자, 옥수수입니다.

8 도서관

집에서 약국, 도서관, 마트를 가는 길을 선으로 나타내 봅니다.

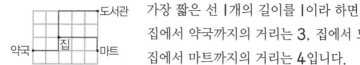

가장 짧은 선 1개의 길이를 1이라 하면
집에서 약국까지의 거리는 3, 집에서 도서관까지의 거리는 5,
집에서 마트까지의 거리는 4입니다.

따라서 집에서 가장 먼 곳은 도서관입니다.

해결 전략

가까운 길로 가려면 돌아가지 않고 가장 짧은 길로 가야 합니다.

보충 개념

집에서 어느 장소까지 가는 가장 가까운 길은 여러 가지 방법이 있지만 거리는 모두 같습니다.

9 6개

구슬 1개를 넣으면 물의 높이가 1칸 높아집니다. 처음 물의 높이는 3칸이므로 물이 가득 차려면 6칸이 남습니다.

따라서 물이 가득 차려면 구슬은 모두 6개를 넣어야 합니다.

10 2개

오른쪽 저울에서 ◯ 모양 블록 1개씩을 덜어내면 ⬚=◯◯◯입니다.
왼쪽 저울에서 ⬚ 모양 블록 대신 ◯ 모양 블록 3개를 놓으면 ⬚◯=◯◯◯이고,
◯ 모양 블록 1개씩을 덜어내면 ⬚=◯◯입니다.
따라서 ⬚ 모양 블록 1개는 ◯ 모양 블록 2개의 무게와 같습니다.

다른 풀이

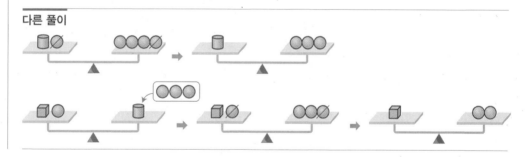

---

5 50까지의 수

1 47

	21	
	25	
19	24	29	34

| ㉡ | | ㉠ |

오른쪽으로 한 칸 갈 때마다 5씩 커지고, 아래쪽으로 한 칸 갈 때마다 4씩 커지는 규칙입니다.

㉡에 알맞은 수는 29보다 8만큼 더 큰 수인 37이고, ㉠에 알맞은 수는 37보다 10만큼 더 큰 수인 47입니다.

2 3

□7에서 10개씩 묶음의 수는 4보다 작아야 하므로 □ 안에 들어갈 수 있는 수는 1, 2, 3입니다.

□=1일 때 17보다 크고 41보다 작은 수는 18, 19, 20, 21, ..., 40으로 23개이므로 조건에 맞지 않습니다.

□=2일 때 27보다 크고 42보다 작은 수는 28, 29, 30, ..., 41로 14개이므로 조건에 맞지 않습니다.

□=3일 때 37보다 크고 43보다 작은 수는 38, 39, 40, 41, 42로 5개이므로 조건에 맞습니다.

따라서 □ 안에 공통으로 들어갈 수 있는 수는 3입니다.

3 가 상자, 1개

10개씩 묶음 3개와 낱개 15개인 수는 10개씩 묶음 3+1=4(개)와 낱개 5개이므로 45개입니다.

10개씩 묶음 2개와 낱개 24개인 수는 10개씩 묶음 2+2=4(개)와 낱개 4개이므로 44개입니다.

45는 44보다 1만큼 더 큰 수이므로 가 상자에 탁구공이 1개 더 많이 들어 있습니다.

4 1장

진수가 가지고 있는 색종이의 수는 10장씩 묶음 2개와 낱개 8장이므로 28장입니다.

진수와 영아가 가지고 있는 색종이의 10장씩 묶음의 수는 2로 같으므로 낱개의 수를 같게 만들면 됩니다.

8과 6을 모으기하면 14가 되고 14는 7과 7로 똑같이 가르기할 수 있으므로 진수와 영아는 각각 낱개 7장씩을 가지면 됩니다.

따라서 8은 7과 1로 가르기할 수 있으므로 진수가 영아에게 색종이를 1장 주어야 합니다.

5 42

★●와 ▲●는 낱개의 수가 같으므로 24 또는 34입니다.

▲●와 ▲★은 10개씩 묶음의 수가 같으므로 34 또는 32입니다.

➡ ▲●는 공통된 수 34이고, ★●=24, ▲★=32이므로 ●=4, ▲=3, ★=2 입니다.

따라서 ●★=42입니다.

6 35

31과 ㉠ 사이의 수가 모두 4개이므로 32부터 4개의 수를 순서대로 쓰면 32, 33, 34, ㉟입니다.

㉡과 40 사이의 수가 모두 5개이므로 39부터 5개의 수를 거꾸로 쓰면 39, 38, 37, 36, ㉟입니다.

따라서 공통인 수는 35입니다.

7 43

30과 50 사이의 수는 10개씩 묶음의 수가 3 또는 4입니다.

10개씩 묶음의 수와 낱개의 수의 합이 7인 수는 34, 43입니다.

이 중 10개씩 묶음의 수가 낱개의 수보다 1만큼 더 큰 수는 43입니다.

8 5개

33보다 큰 수는 10개씩 묶음의 수가 3 또는 4일 때입니다.

· 10개씩 묶음의 수가 3일 때 만들 수 있는 수: 30, 31, 32, 34

· 10개씩 묶음의 수가 4일 때 만들 수 있는 수: 40, 41, 42, 43

따라서 만들 수 있는 수 중에서 33보다 큰 수는 34, 40, 41, 42, 43으로 모두 5개입니다.

---

1 (왼쪽에서부터) 10, 17

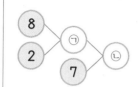

8과 2를 모으기하면 10이 되므로 ㉠=10입니다.

10과 7을 모으기하면 17이 되므로 ㉡=17입니다.

2 예 9, 6 / 예 8, 7

· 모양 15개를 ▯ 모양 9개와 ▯ 모양 6개로 가르기할 수 있습니다.

· 모양 15개를 초록색 모양 8개와 노란색 모양 7개로 가르기할 수 있습니다.

해결 전략

같은 모양을 기준으로 가르기를 할 때에는 색깔과 크기는 생각하지 않고, 같은 색깔을 기준으로 가르기를 할 때에는 모양과 크기는 생각하지 않습니다.

3 9개

예 18은 1과 17, 2와 16, 3과 15, 4와 14, 5와 13, 6과 12, 7과 11, 8과 10, 9와 9로 가르기할 수 있습니다.

따라서 봉지에 똑같이 나누어 담으려면 한 봉지에 옥수수를 9개씩 담으면 됩니다.

채점 기준	배점
여러 가지 방법으로 18을 두 수로 가르기했나요?	3점
가르기한 두 수를 보고 한 봉지에 몇 개씩 담으면 되는지 구했나요?	2점

4 11, 15, 27

보기 의 규칙은 오른쪽으로 갈수록 4씩 커지는 규칙입니다.

처음 수에서 8만큼 더 큰 수가 19이므로 처음 수는 19보다 8만큼 더 작은 수인 11이고, 11보다 4만큼 더 큰 수는 15, 23보다 4만큼 더 큰 수는 27입니다.

5 1, 2

38은 □9보다 커야 하므로 3은 □보다 커야 합니다.

따라서 □ 안에 들어갈 수 있는 수는 1, 2입니다.

해결 전략

10개씩 묶음의 수가 클수록 큰 수입니다.

6 7명

㉠ 서호는 뒤에서 일곱째에 서 있으므로 앞에서 19째에 서 있습니다.

따라서 11과 19 사이의 수는 12, 13, 14, 15, 16, 17, 18이므로 예주와 서호 사이에는 7명이 서 있습니다.

채점 기준	배점
서호가 앞에서 몇째에 서 있는지 구했나요?	2점
예주와 서호 사이에는 몇 명이 서 있는지 구했나요?	3점

7 11권

45는 10권씩 묶음 4개와 낱개 5권입니다.

남은 공책은 10권씩 묶음 4−3=1(개)와 낱개 5−4=1(권)이므로 11권입니다.

8 5장

한 장은 두 쪽이므로 둘씩 짝을 지어 보면 28, 29, 30, 31, 32, 33, 34, 35, 36, 37, 38, 39입니다.

따라서 동화책은 5장이 찢어졌습니다.

9 6번

1부터 50까지의 수를 한 번씩 썼을 때
10개씩 묶음의 수에 5를 쓰는 경우는 50이고,
낱개의 수에 5를 쓰는 경우는 5, 15, 25, 35, 45입니다.
따라서 숫자 5는 모두 6번 씁니다.

10 사과

· 10개씩 묶음의 수가 작을수록 작은 수입니다.
➡ 귤이 가장 적고, 배가 가장 많습니다.
· 10개씩 묶음의 수가 같을 때에는 낱개의 수를 비교합니다.
➡ 과일의 수는 모두 다르므로 사과 수의 ▨ 부분은 9가 될 수 없습니다.
사과가 감보다 적습니다.

따라서 과일이 적은 순서대로 써 보면 귤, 사과, 감, 배이므로 둘째로 적은 과일은 사과입니다.

11 38

10보다 크고 40보다 작은 수 ●■에서 ●는 1 또는 2 또는 3입니다.
●■ 중에서 ●가 ■보다 5만큼 더 작은 수는 16, 27, 38입니다.
따라서 ●와 ■를 모으기하면 11인 수는 38입니다.

최상위를 위한
심화 학습 서비스 제공!

문제풀이 동영상 ➕ 상위권 학습 자료
(QR 코드 스캔 혹은 디딤돌 홈페이지 참고)

상위권의 기준
최상위
수학

상위권의 기준
최상위
수학
S

한걸음 한걸음 디딤돌을 걷다 보면
수학이 완성됩니다.

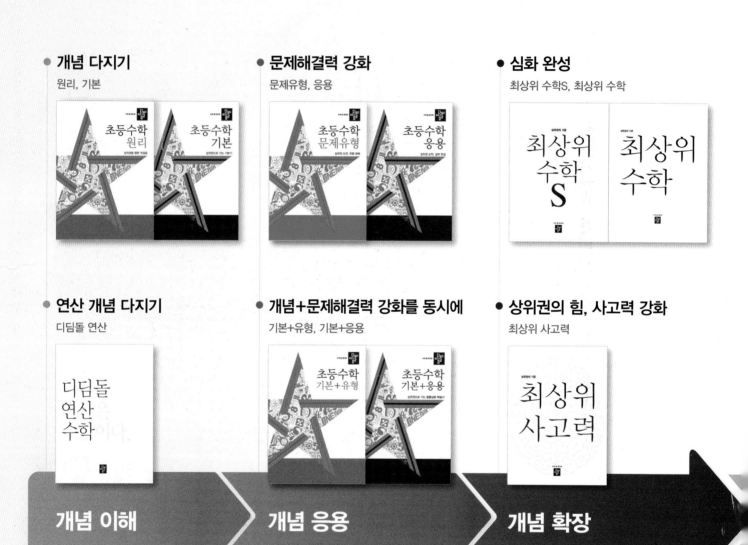

● **개념 다지기**
원리, 기본

초등수학 원리 / 초등수학 기본

● **문제해결력 강화**
문제유형, 응용

초등수학 문제유형 / 초등수학 응용

● **심화 완성**
최상위 수학S, 최상위 수학

최상위 수학 S / 최상위 수학

● **연산 개념 다지기**
디딤돌 연산

디딤돌 연산 수학

● **개념+문제해결력 강화를 동시에**
기본+유형, 기본+응용

초등수학 기본+유형 / 초등수학 기본+응용

● **상위권의 힘, 사고력 강화**
최상위 사고력

최상위 사고력

개념 이해 〉 **개념 응용** 〉 **개념 확장**

학습 능력과 목표에 따라
맞춤형이 가능한 디딤돌 초등 수학